Heinz-Dieter Fröse   Elektrofachkraft für festgelegte Tätigkeiten
Band 2

## de-FACHWISSEN
Die Fachbuchreihe
für Elektro- und Gebäudetechniker
in Handwerk und Industrie

Heinz-Dieter Fröse

# Elektrofachkraft für festgelegte Tätigkeiten

**Band 2**
**Beispielhafte Tätigkeitsfelder**

Hüthig · München/Heidelberg

Produktbezeichnungen sowie Firmennamen und Firmenlogos werden in diesem Buch ohne Gewährleistung der freien Verwendbarkeit benutzt.

Von den im Buch zitierten Vorschriften, Richtlinien und Gesetzen haben stets nur die jeweils letzten oder die zum Zeitpunkt der Errichtung gültigen Ausgaben verbindliche Gültigkeit.

Autor und Verlag haben alle Texte und Abbildungen mit großer Sorgfalt erarbeitet bzw. überprüft. Dennoch können Fehler nicht ausgeschlossen werden. Deshalb übernehmen weder Autor noch Verlag irgendwelche Garantien für die in diesem Buch gegebenen Informationen. In keinem Fall haften Autor oder Verlag für irgendwelche direkten oder indirekten Schäden, die aus der Anwendung dieser Informationen folgen.

Maßgebend für das Anwenden der Normen sind deren Fassungen mit den neuesten Ausgabedaten, die bei der VDE-Verlag GmbH, Bismarckstraße 33, 10625 Berlin und der Beuth Verlag GmbH, Burggrafenstraße 6, 10787 Berlin erhältlich sind.

Bibliografische Information Der Deutschen Bibliothek
Die Deutsche Bibliothek verzeichnet diese Publikation in der Deutschen Nationalbibliografie; detaillierte bibliografische Daten sind im Internet über http://dnb.ddb.de abrufbar.

Möchten Sie Ihre Meinung zu diesem Buch abgeben?
Dann schicken Sie eine E-Mail an das Lektorat im Hüthig Verlag:
buchservice@huethig.de
Autor und Verlag freuen sich über Ihre Rückmeldung.

ISSN 1438-8707
ISBN 978-3-8101-0496-0

3., überarbeitete Auflage
© 2019 Hüthig, München/Heidelberg
Printed in Germany
Titelbild, Layout, Satz: Schwesinger, galeo:design
Titelfotos:
– Rechts oben: Herdanschlussdose HAD 3 der Firma Pollmann Elektrotechnik GmbH
– Rechts unten: shutterstock 367081262 © ShiningBlack
– Links oben: fotolia 19492444 © Ingo Bartussek
– Links unten: shutterstock 101873095 © Cherkas
Druck: Westermann Druck Zwickau GmbH

# Vorwort

Dieser zweite Band ergänzt den ersten Band um Hinweise zu der praktischen Ausführung der Arbeiten. Dabei wurde versucht, Überschneidungen der Tätigkeiten zwischen den einzelnen Arbeitsbereichen zu vermeiden. Grundfertigkeiten, die in jedem Fachgebiet vorkommen, wurden in einem separaten Kapitel zusammengefasst. Das führt dazu, dass bestimmte, in den Fachgebieten vorkommende Arbeiten nur einmal beschrieben werden und nicht in jedem Arbeitsgebiet wiederholend.

Im Zusammenhang mit der Aufteilung des Buches in Band 1 *Grundlagen – Regeln – Betriebsmittel* und Band 2 mit den praktischen Tätigkeiten in den jeweiligen Arbeitsbereichen danke ich Herrn *Torsten Merk* von der TÜV Süd Akademie für die Erlaubnis die vorhandenen Manuskripte in das Buch einzuarbeiten.

*Heinz-Dieter Fröse*

# Inhaltsverzeichnis

1 Fachpraktische Grundkenntnisse .................................................. 17
  1.1 Werkzeuge des Elektrotechnikers .............................................. 17
    1.1.1 Kennzeichnung von Werkzeugen ..................................... 18
    1.1.2 Verwendung von Werkzeugen .......................................... 19
  1.2 Messgeräte ........................................................................... 19
    1.2.1 Sicherheitsanforderungen an Messgeräte ....................... 20
    1.2.2 Technische Anforderungen ............................................ 21
  1.3 Pläne in der Elektrotechnik ..................................................... 22
    1.3.1 Gliederung von Plänen .................................................. 22
      1.3.1.1 Installationsplan ................................................ 23
      1.3.1.2 Anordnungsplan ............................................... 24
      1.3.1.3 Verdrahtungsplan ............................................. 25
      1.3.1.4 Stromlaufplan ................................................... 27
      1.3.1.5 Verdrahtungsliste .............................................. 28
      1.3.1.6 Übersichtsschaltplan ......................................... 28
      1.3.1.7 Betriebsmittelliste ............................................. 29
      1.3.1.8 Kennzeichnung von Betriebsmitteln .................. 29
    1.3.2 Speicherprogrammierbare Steuerungen ........................ 32
  1.4 Grundschaltungen der Elektrotechnik ..................................... 33
    1.4.1 Grundschaltungen der Installationstechnik .................. 33
      1.4.1.1 Ausschaltung .................................................... 33
      1.4.1.2 Serienschaltung ................................................ 33
      1.4.1.3 Wechselschaltung ............................................. 33
    1.4.2 Schützschaltungen zur Steuerung von Betriebsmitteln .. 35
      1.4.2.1 Selbsthaltung .................................................... 35
      1.4.2.2 Schutz vor Fehlbedienung ................................. 36
      1.4.2.3 Schützverriegelung ........................................... 36
      1.4.2.4 Hand-Automatik-Schaltung .............................. 38
      1.4.2.5 Wendeschützschaltung ..................................... 39
      1.4.2.6 Frostschutzschaltung ........................................ 39
      1.4.2.7 Sonstige Motorsteuerungen .............................. 39

1.4.2.8 Speicherprogrammierbare Steuerungen (SPS) .............. 40
1.4.3 Aufbau von Schaltschränken ........................................ 41
1.4.3.1 Temperatur in Schaltschränken ................................. 41
1.4.3.2 EMV-Gesichtspunkte ................................................ 42
1.4.3.3 Überspannungsschutz .............................................. 43
1.5 Übungsaufgaben ................................................................... 43

## 2 Praktische Arbeitsorganisation und Verantwortlichkeiten .......... 45
2.1 Beteiligte ............................................................................... 45
    2.1.1 Unternehmer ................................................................ 46
    2.1.2 Anlagenbetreiber (AB) ................................................. 46
    2.1.3 Anlageverantwortlicher (AnV) ...................................... 46
    2.1.4 Verantwortliche Elektrofachkraft (vEFK) ...................... 47
    2.1.5 Arbeitsverantwortlicher (ArbV) .................................... 47
    2.1.6 Elektrofachkraft (EFK) .................................................. 47
    2.1.7 Elektrofachkraft für festgelegte Tätigkeiten (EFKffT) ..... 47
    2.1.8 Elektrotechnisch unterwiesene Person (EUP) ............... 48
    2.1.9 Fachkundige Person ..................................................... 48
2.2 Arbeitsorganisation in der Elektrotechnik ............................ 49
    2.2.1 Übertragung von Verantwortung ................................. 49
    2.2.2 Aufgaben der Beteiligten .............................................. 49
2.3 Arbeitsmethoden .................................................................. 50
    2.3.1 Arbeiten im spannungsfreien Zustand ......................... 50
    2.3.2 Arbeiten in der Nähe spannungführender Teile .......... 51
    2.3.3 Arbeiten unter Spannung (AUS) .................................. 51
    2.3.4 Besondere Arbeiten ..................................................... 52
2.4 Übungsaufgaben .................................................................. 53

## 3 Allgemeine Tätigkeiten ............................................................... 55
3.1 Auswahl von Leitungen ....................................................... 55
3.2 Herrichten von Leitungen zum Anschluss .......................... 56
    3.2.1 Abmanteln .................................................................... 56
    3.2.1.1 Kabelmesser mit Abmantelvorrichtung ..................... 56
    3.2.1.2 Abmanteler .................................................................. 57
    3.2.2 Abisolieren ................................................................... 57
    3.2.2.1 Abisolierzange ............................................................. 57

3.2.2.2 Ösen biegen ... 59
3.2.2.3 Aderendhülsen aufbringen ... 60
3.2.2.4 Kabelschuhe aufpressen ... 61
3.2.2.5 Herrichten für Federzugklemmen ... 61
3.3 Anschließen von Betriebsmitteln ... 62
   3.3.1 Allgemeine Anforderungen ... 62
   3.3.2 Besondere Vorschriften für Leiterquerschnitte und Leitungsarten ... 63
   3.3.3 Handgeführte Betriebsmittel ... 66
   3.3.4 Schutz gegen Eindringen von Feuchtigkeit und Fremdkörpern ... 67
   3.3.5 Zugentlastung ... 69
   3.3.6 Leiteranschlüsse ... 69
3.4 Leiterverbindungen ... 70
3.5 Messen elektrotechnischer Größen ... 71
3.6 Arbeitsanweisungen für grundlegende Tätigkeiten ... 73
   3.6.1 Auswechseln eines Schukosteckers ... 73
   3.6.2 Auswechseln eines CEE-Steckers ... 76
   3.6.3 Prüfung der fertigen Arbeit ... 80
   3.6.3.1 Allgemeines Prinzip der Prüfung ... 80
   3.6.3.2 Sichtprüfung allgemein ... 80
   3.6.3.3 Sichtprüfung der Anschlussleitung ... 81
   3.6.3.4 Schutzleiterwiderstand ... 81
   3.6.3.5 Isolationsfähigkeit ... 81
   3.6.3.6 Berührungsstrom ... 82
   3.6.3.7 Aufschriften ... 83
   3.6.3.8 Funktionsprüfung ... 83
   3.6.3.9 Stromaufnahme ... 83
   3.6.3.10 Verwendetes Messgerät ... 83
   3.6.3.11 Zusammenfassung ... 83
3.7 Prüfen der vom Kunden bereitgestellten elektrischen Energieversorgung ... 84
   3.7.1 Arbeitsanweisung zum Prüfen der Versorgung ... 84
   3.7.2 Hinweise zur Durchführung der Prüfungen ... 87
   3.7.2.1 Besichtigen ... 87
   3.7.2.2 Erproben und Messen ... 88

3.7.2.3 Funktionsprüfung .................................................. 90
3.7.2.4 Dokumentation .................................................... 90
3.8 Übungsaufgaben ................................................................. 90

# 4 Beispielhafte Tätigkeiten SHK-Handwerk ........................... 93
4.1 Besondere Gefahren im Arbeitsbereich ............................. 93
4.2 Installationsnormen für Heizungs- und Lüftungsanlagen ........ 93
    4.2.1    Begriffe ................................................................. 93
    4.2.2    Technische Regeln ................................................ 95
    4.2.3    Wichtige Begriffe aus der Installationsnorm ............ 95
    4.2.4    Besondere Anforderungen an Betriebsmittel
            in Heizungsanlagen ............................................... 97
    4.2.5    Einrichtungen zum Freischalten ............................. 98
    4.2.6    Hilfsstromkreise ................................................... 100
    4.2.7    Schutzmaßnahmen gegen elektrischen Schlag ........ 101
    4.2.8    Schutz gegen elektromagnetische Einflüsse ............ 102
    4.2.9    Schutz gegen Überspannungen .............................. 102
    4.2.10  Kabel und Leitungen ............................................. 102
    4.2.11  Zusätzliche Bestimmungen ................................... 103
    4.2.12  Elektrische Betriebsmittel in Räumen mit
            Badewanne oder Dusche ...................................... 104
    4.2.12.1 Einteilung der Bereiche in einem Badezimmer ........ 104
    4.2.12.2 Leitungen in Räumen mit Badewanne oder Dusche 105
4.3 Arbeitsanweisungen für grundlegende Tätigkeiten ............... 107
    4.3.1    Elektrischer Anschluss von SHK-Anlagen ................ 107
    4.3.2    Anschluss einer Heizungsanlage ............................ 107
    4.3.3    Anschlussarbeiten auf der Baustelle ...................... 111
4.4 Fehlersuche im elektrischen Teil der Heizungsanlage ........... 114
    4.4.1    Fehlersuche Körperschluss .................................... 114
    4.4.2    Fehlersuche in Steuerungen .................................. 115
    4.4.3    Schütz überprüfen ................................................ 116
    4.4.4    Schütz auswechseln ............................................. 117
    4.4.5    Temperaturfühler überprüfen ................................ 118
    4.4.6    Motor auswechseln .............................................. 120
4.5 Elektrischer Anschluss einer Umwälzpumpe ...................... 123
    4.5.1    Herstellervorgaben ............................................... 123

4.5.2 Arbeitsschritte zum Anschluss einer Umwälzpumpe ... 124
4.5.3 Herstellen eines zusätzlichen Schutzpotentialausgleichs für eine metallische Abgasanlage ............... 126
4.6 Übungsaufgaben .................................................................. 128

# 5 Beispielhafte Tätigkeiten Küchen/Möbel ............................ 129
5.1 Besondere Gefahren im Arbeitsbereich ............................... 129
    5.1.1 Installationszonen in Küchen und Wohnräumen ........ 129
    5.1.2 Schutzbereiche um Duschen und Badewannen ........... 131
    5.1.2.1 Einteilung der Bereiche in einem Badezimmer .......... 131
    5.1.2.2 Leitungen in Räumen mit Badewanne oder Dusche ... 132
    5.1.2.3 Schutzarten in den Bereichen ..................................... 133
    5.1.3 Anschließen von Betriebsmitteln ................................. 133
    5.1.4 Besondere Vorschriften für Leiterquerschnitte
und Leitungsarten ........................................................ 134
    5.1.5 Zugentlastung .............................................................. 135
    5.1.6 Leiteranschlüsse .......................................................... 135
    5.1.7 Leiterverbindungen ..................................................... 136
    5.1.8 Verteilerdosen ............................................................. 136
5.2 Installation von Betriebsmitteln in Möbeln ......................... 136
    5.2.1 Schalter und Steckdosen ............................................. 136
    5.2.2 Leuchten ...................................................................... 137
5.3 Prüfung der elektrischen Sicherheit eines Küchengerätes ... 137
    5.3.1 Allgemeines Prinzip der Prüfung ................................ 137
    5.3.2 Sichtprüfung allgemein ............................................... 138
    5.3.3 Sichtprüfung der Anschlussleitung ............................. 138
    5.3.4 Schutzleiterwiderstand ................................................ 139
    5.3.5 Isolationsfähigkeit ....................................................... 139
    5.3.6 Berührungsstrom ......................................................... 140
    5.3.7 Aufschriften ................................................................. 141
    5.3.8 Funktionsprüfung ........................................................ 141
    5.3.9 Stromaufnahme ........................................................... 141
    5.3.10 Verwendetes Messgerät .............................................. 141
    5.3.11 Zusammenfassung ....................................................... 141
5.4 Anschließen eines Elektroherdes an das Niederspannungsnetz 142
    5.4.1 Allgemeines Prinzip der Prüfung ................................ 144

| | | |
|---|---|---|
| 5.4.2 | Besichtigen | 145 |
| 5.4.3 | Erproben und Messen | 145 |
| 5.4.4 | Messungen im TN-System mit Abschaltung durch Überstromschutzeinrichtungen | 147 |
| 5.4.5 | Spannungsfall | 147 |
| 5.4.6 | Funktionsprüfung | 147 |
| 5.4.7 | Dokumentation | 147 |
| 5.4.8 | Herstellen des sicheren Anlagenzustands | 148 |

5.5 Aufhängen und Montieren von Leuchten ... 148
    5.5.1 Deckenpendelleuchten ... 148
    5.5.2 Deckenleuchten fest montiert ... 149
    5.5.3 Wandleuchten ... 149
5.6 Übungsaufgaben ... 150

# 6 Beispielhafte Tätigkeiten im Maschinenbau ... 153
6.1 Allgemeine Gefahren ... 153
6.2 Anschließen von Betriebsmitteln ... 153
    6.2.1 Allgemeine Anforderungen ... 153
    6.2.2 Besondere Vorschriften für Leiterquerschnitte und Leitungsarten ... 154
    6.2.3 Handgeführte Betriebsmittel ... 155
    6.2.4 Schutz gegen Eindringen von Feuchtigkeit und Fremdkörpern ... 156
    6.2.5 Zugentlastung ... 158
    6.2.6 Leiteranschlüsse ... 158
6.3 Leiterverbindungen ... 159
6.4 Arbeitsanweisungen für grundlegende Tätigkeiten ... 159
    6.4.1 Instandhaltung an elektrotechnischen Anlagen ... 159
    6.4.2 Anschließen eines Gerätes an das Niederspannungsnetz ... 159
    6.4.3 Anschlussarbeiten auf der Baustelle ... 162
    6.4.4 Fehlersuche Körperschluss ... 164
    6.4.4.1 Arbeitsschritte im Netz mit Fehlerstrom-Schutzeinrichtung ... 164
    6.4.4.2 Arbeitsschritte im TN-System mit Abschaltung durch die Überstromschutzeinrichtung ... 165
6.5 Übungsaufgaben ... 165

# 7 Beispielhafte Tätigkeiten an Rollläden, Fenstern, Türen und Toren ... 167
## 7.1 Besondere Gefahren im Arbeitsbereich ... 167
### 7.1.1 Arbeitsschutzvorschriften ... 167
### 7.1.2 Licht- und Sonnenschutzanlagen ... 167
### 7.1.3 Fenster-, Tür- und Toranlagen ... 169
### 7.1.4 Auswahl von elektrischen Betriebsmitteln ... 169
### 7.1.5 Errichtung und Betrieb ... 170
### 7.1.6 Normen und Vorschriften im Rolltorbereich ... 170
## 7.2 Anschließen von elektrischen Betriebsmitteln ... 173
## 7.3 Leitungsverlegung im Erdreich ... 173
## 7.4 Übungsaufgaben ... 174

# 8 Beispielhafte Tätigkeiten in der Wasserversorgungstechnik ... 177
## 8.1 Besondere Gefahren im Arbeitsbereich ... 177
## 8.2 Grundlagen des Explosionsschutzes ... 177
### 8.2.1 Physikalische und technische Grundlagen des Explosionsschutzes ... 178
### 8.2.2 Wichtige Begriffe ... 178
### 8.2.3 Primärer Explosionsschutz ... 179
### 8.2.4 Sekundärer Explosionsschutz ... 181
### 8.2.5 Schutzmaßnahmen gegen mögliche Zündquellen ... 184
### 8.2.6 Elektrische Anlagen ... 185
### 8.2.7 Tertiärer Explosionsschutz ... 188
## 8.3 Explosionstechnische Kenngrößen ... 190
### 8.3.1 Zündtemperatur ... 190
#### 8.3.1.1 Temperaturklassen ... 190
#### 8.3.1.2 Temperaturklassen/Explosionsgruppen ... 190
### 8.3.2 Parameter zur Klassifizierung eines Betriebes oder Betriebsteils ... 191
### 8.3.3 Explosionsschutzdokument ... 196
## 8.4 Instandhaltung ... 197
### 8.4.1 Fehlersuche in Steuerungen ... 197
#### 8.4.1.1 Notwendige Vorbereitungen und Bereitstellungen ... 197
#### 8.4.1.2 Zu beachtende Sicherheitsregeln ... 198
#### 8.4.1.3 Arbeitsablauf ... 198
### 8.4.2 Schütz überprüfen ... 198

8.4.2.1 Prüfen der Funktionsfähigkeit der Schützspule ............ 198
8.4.2.2 Notwendige Geräte .................................................. 198
8.4.2.3 Arbeitsablauf durch Prüfen der vorhandenen
           Erregerspannung ..................................................... 199
8.4.2.4 Auswertung .............................................................. 199
8.4.2.5 Arbeitsablauf durch Prüfen des Widerstands
           der Schützspule ....................................................... 199
8.4.2.6 Auswertung .............................................................. 199
8.4.2.7 Maßnahmen ............................................................. 200
8.4.3 Schütz auswechseln .................................................. 200
8.4.3.1 Vorarbeiten .............................................................. 200
8.4.3.2 Arbeitsablauf ........................................................... 200
8.4.4 Motor auswechseln ................................................... 200
8.4.4.1 Anzuwendende Sicherheitsregeln und
           technische Regeln .................................................... 201
8.4.4.2 Material, Werkzeuge, Prüfgeräte, Messgeräte ............ 201
8.4.4.3 Arbeitsschritte zum Abklemmen des Motors ............ 201
8.4.4.4 Motor neu anschließen ............................................. 202
8.4.4.5 Prüfschritte .............................................................. 202
8.5 Übungsaufgaben ................................................................. 203

## 9 Beispielhafte Tätigkeiten an Photovoltaikanlagen ............ 205
9.1 Besondere Gefahren im Arbeitsbereich ............................... 205
9.2 Installationsvorschriften ..................................................... 206
9.3 Installation der Module ...................................................... 206
9.3.1 Befestigung auf dem Montagegrund ......................... 206
9.3.2 Befestigung der Module ............................................ 207
9.3.3 Verschaltungsarten von Modulen .............................. 207
9.3.4 Leitungsführung der Strangleitungen ........................ 208
9.4 Herstellen eines zusätzlichen Schutzpotentialausgleichs ..... 209
9.5 Überspannungsschutz ........................................................ 209
9.6 Prüfungen des elektrotechnischen Teils an Solargeneratoren
    vor Inbetriebnahme ............................................................ 210
9.6.1 Sichtprüfung ............................................................. 210
9.6.2 Messungen ................................................................ 211
9.6.3 Dokumentation ......................................................... 211
9.7 Übungsaufgaben ................................................................. 212

Prüfprotokolle .................................................................................. 213

Lösungshinweise zu den Aufgaben ................................................. 216
    Kapitel 1 ...................................................................................... 216
    Kapitel 2 ...................................................................................... 216
    Kapitel 3 ...................................................................................... 217
    Kapitel 4 ...................................................................................... 218
    Kapitel 5 ...................................................................................... 219
    Kapitel 6 ...................................................................................... 221
    Kapitel 7 ...................................................................................... 222
    Kapitel 8 ...................................................................................... 223
    Kapitel 9 ...................................................................................... 224

Literaturverzeichnis ........................................................................ 225
    Fachbücher .................................................................................. 225
    Normen und Gesetze ................................................................... 225

Stichwortverzeichnis ...................................................................... 229

# DER KABELDURCHBLICK

Dieses kompakte Buch enthält eine fach- und normengerechte Anleitung zur Auswahl von Kabeln und Leitungen und deren Berechnung. In der Neubearbeitung sind alle Änderungen der Normen, Vorschriften und Richtlinien sorgfältig eingearbeitet. Plus CD-ROM für die Kabel- und Leitungsberechnung.

**Schwerpunkte bei der Auswahl von Kabeln und Leitungen:**

- Schutz vor Überstrom nach DIN VDE 0100-430,
- besondere Beanspruchungen,
- Kabel mit besonderen Eigenschaften sowie
- Besonderheiten bei der Planung.

Herbert Schmolke
Auswahl und Bemessung von Kabeln und Leitungen
7., neu bearbeitete und erweiterte Auflage 2018.
144 Seiten. Softcover,
mit CD-ROM. € 19,50.
ISBN 978-3-8101-0474-8

## IHRE BESTELLMÖGLICHKEITEN

Fax: +49 (0) 89 2183-7620

E-Mail: buchservice@huethig.de

www.elektro.net/shop

Hier Ihr Fachbuch direkt online bestellen!

Hüthig GmbH, Im Weiher 10, D-69121 Heidelberg,
Tel.: +49 (0) 800 2183-333

# 1 Fachpraktische Grundkenntnisse

**Lernziele dieses Kapitels**

Wie in jedem anderen Berufsbild finden sich auch im Beruf des Elektrotechnikers bestimmte, grundlegende Tätigkeiten. Diese tauchen immer wieder auf und müssen von der Elektrofachkraft beherrscht werden. Ohne Kenntnis der korrekten Ausführung dieser Arbeiten, können die Ergebnisse nicht fachgerecht werden. In diesem Kapitel werden die Fertigkeiten und Kenntnisse behandelt, die für die sichere Ausführung elektrotechnischer Arbeiten erforderlich sind.

## 1.1 Werkzeuge des Elektrotechnikers

Der Elektrotechniker verwendet, wie jeder andere Handwerker auch, seine speziellen Werkzeuge. Diese werden durch allgemein verwendete Werkzeuge ergänzt.

Spezielle Werkzeuge des Elektrotechnikers (**Bild 1.1**) dienen dazu, sich vor der Einwirkung von Körperdurchströmungen zu schützen. Grundsätz-

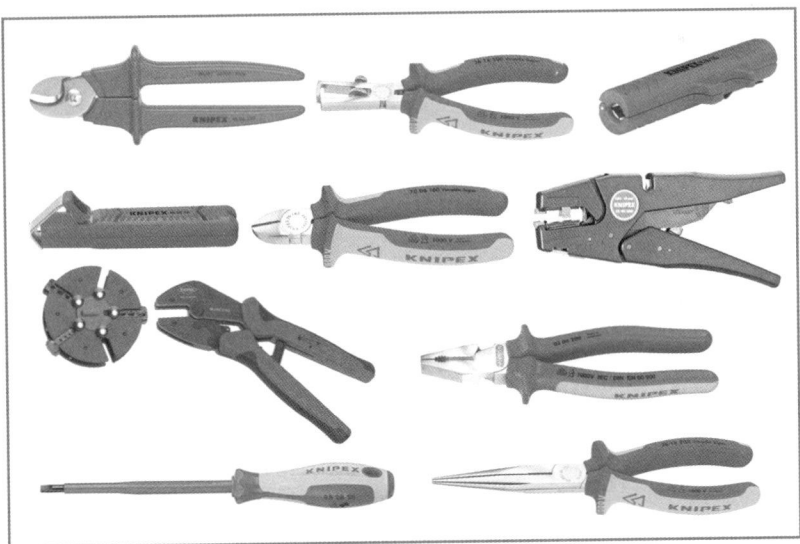

**Bild 1.1** *Elektrowerkzeuge*      Quelle: Knipex-Werk C. Gustav Putsch KG

lich ist die Verwendung von isoliertem Werkzeug aber kein Freibrief dafür, unter Spannung zu arbeiten. Diese Tätigkeit ist ausschließlich auf das Feststellen der Spannungsfreiheit und auf Prüfvorgänge beschränkt.

Bei der Auswahl der Handwerkszeuge ist neben der elektrischen Sicherheit auch die Ergonomie zu berücksichtigen. Zangen sind so auszuwählen, dass sie den mechanischen Anforderungen entsprechen und gut in der Hand liegen.

Für Schraubendreher sind folgende Größen obligatorisch: 2,5 x 75 mm, 4 x 100 mm, 5,5 x 125 mm und 6,5 x 150 mm.

### 1.1.1 Kennzeichnung von Werkzeugen

Elektrowerkzeuge müssen gekennzeichnet sein, wenn sie bei Arbeiten unter Spannung verwendet werden sollen. Sie werden mit zwei Dreiecken und dem Hinweis 1.000 V markiert, wenn sie in den Netzspannungsbereichen eingesetzt werden sollen. Darüber hinaus gibt es das VDE- und das GS-Zeichen.

Werkzeuge sind sorgsam gegen Beschädigung der Isolierung zu lagern. Dies geschieht am besten in geeigneten Werkzeugtaschen (**Bild 1.2**).

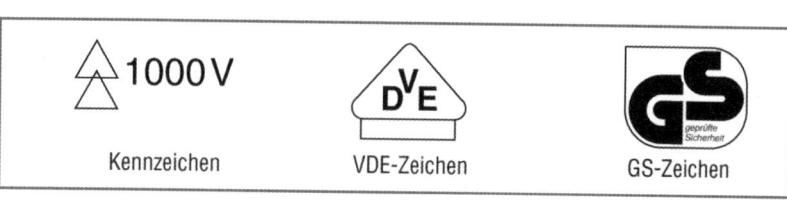

Kennzeichen     VDE-Zeichen     GS-Zeichen

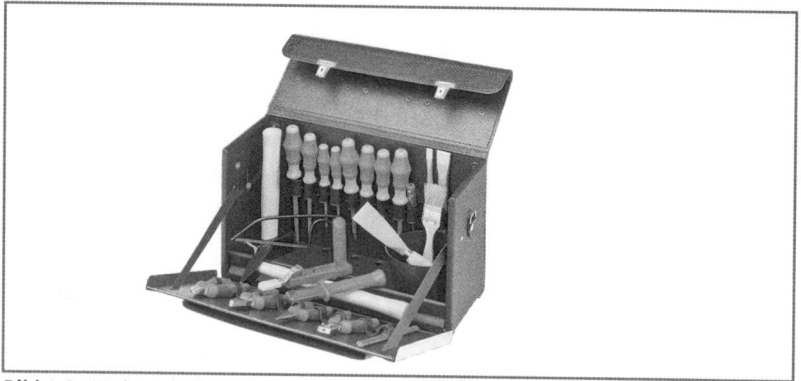

**Bild 1.2** *Werkzeugkoffer*     Quelle: Knipex-Werk C. Gustav Putsch KG

## 1.1.2 Verwendung von Werkzeugen

Grundsätzlich birgt die Verwendung von Werkzeugen Gefahren der Verletzung. Diese sind in der Gefährdungsbeurteilung über die Gefährdung bei der Verwendung von Handwerkzeugen aufgeführt. Dazu einige Sicherheitshinweise:

| Belastung/Gefährdung | Verletzungen an Fingern, Händen und anderen Körperteilen |
|---|---|
| Anforderungen/Maßnahmen | Wurden geeignete Werkzeuge nach Art der Arbeiten, z. B. für den Einsatz auf Baustellen ausgewählt? |
| | Möglichst Werkzeuge mit GS-Prüfzeichen auswählen! |
| | Auswahl nach ergonomischen Gesichtspunkten (z. B. bezüglich Gewicht, Griff)! |
| | Auf bestimmungsgemäßen Einsatz der Werkzeuge achten! |
| | Sichtprüfung vor der Benutzung auf augenscheinliche Mängel! |
| | Beschädigte Handwerkzeuge dem Gebrauch entziehen und fachgerecht reparieren! |
| | Spitze und scharfe Werkzeuge nicht lose im Arbeitsanzug tragen! |
| | Können die Werkzeuge geordnet und sicher aufbewahrt und transportiert werden? |
| | Unterliegen die Werkzeuge einer regelmäßigen Kontrolle, Pflege und Wartung? |
| | Wurden Schutzmaßnahmen zur Vermeidung von Schnittverletzungen beim Abisolieren getroffen? |
| Quellen | BGI 533 – Arbeiten mit Handwerkzeugen, 13.1 Sicherheitstechnische Überlegungen |

## 1.2 Messgeräte

Die Elektrofachkraft für festgelegte Tätigkeiten (EFKffT) benötigt zur Prüfung der fertigen Arbeit, aber auch zur Prüfung der Spannungsfreiheit und der Funktion von Betriebsmitteln verschiedene Messgeräte. Dies sind:

- Spannungsmessgerät,
- Widerstandsmessgerät oder Durchgangsprüfer,
- Strommessgerät, am besten eine Zangenamperemeter,
- Installationstester für Messungen nach DIN VDE 0100 [2] und
- Betriebsmittelprüfgerät für Messungen nach DIN VDE 0701-0702 [3].

Die Ausstattung mit Messgeräten hängt dabei von den Aufgaben ab, die auszuführen sind. Werden nur Betriebsmittel geprüft, so reicht ein Betriebsmittelprüfgerät. Werden auch Arbeiten zur Instandhaltung an elektrotechnischen Anlagen ausgeführt oder Betriebsmittel ausgewechselt sowie neu angeschlossen, so ist ein Installationstester notwendig, um die Schutzmaßnahmen gegen elektrischen Schlag zu prüfen. Zur Fehlersuche in Betriebsmitteln und Maschinen sind ein Spannungsmessgerät (**Bild 1.3**), ein Widerstandsmessgerät und eine Stromzange sinnvoll. Diese Messgeräte müssen bestimmte Bedingungen erfüllen.

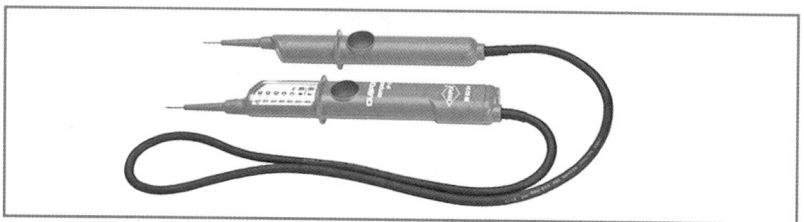

**Bild 1.3** *Zweipoliges Spannungsmessgerät* Quelle: Duspol

### 1.2.1 Sicherheitsanforderungen an Messgeräte

Messgeräte werden entsprechend der Messaufgabe bestimmten Messkategorien zugeordnet. **Tabelle 1.1** stellt die Anforderungen und Einsatzbereiche den Kategorien gegenüber. Die CAT-Kennzeichnungen sind auf den Messgeräten aufgedruckt. Die Messleitungen müssen berührungssicher sein. Das gilt auch für Messklemmen. Messspitzen müssen mit einem Schutz gegen Abrutschen versehen sein.

Um in Anlagen die auftretenden Ströme gefahrlos messen zu können, eignen sich besonders Zangenamperemeter (**Bild 1.4**).

| Messkategorie | Messkategorie | Ort der Messung |
|---|---|---|
| Messkategorie I (CAT I) | Stromkreise, die nicht direkt mit dem Netz verbunden sind oder über besonders geschützte Stromkreise mit dem Netz verbunden sind. (Trenntrafo) | Messungen im Labor an Schaltungen und Versuchsaufbauten |
| Messkategorie II (CAT II) | Stromkreise, die für den Anschluss an das Niederspannungsnetz vorgesehen sind (Betriebsmittel) | Messungen beim Prüfen von Betriebsmitteln |
| Messkategorie III (CAT III) | Gebäudeinstallation (Verteilungs- und Endstromkreise). | Messungen an Steckdosen oder Leuchten |
| Messkategorie IV (CAT IV) | Quelle der Niederspannungsinstallation (Zählerplatz) | Messungen am Hausanschlusskasten und vor dem Zähler |

**Tabelle 1.1** *Messkategorien und Messgerätekennzeichnung*

## 1.2 Messgeräte

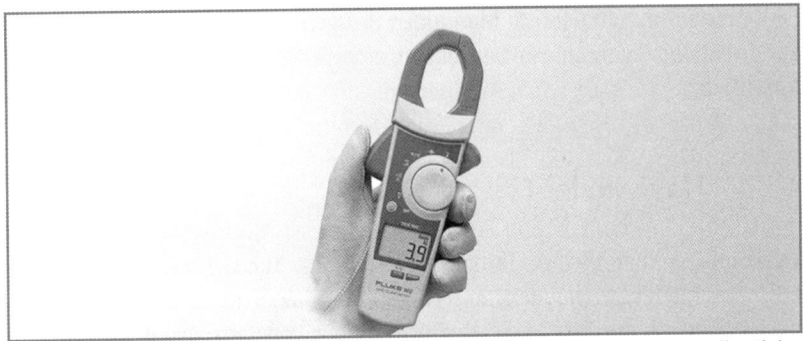

**Bild 1.4** *Zangenamperemeter* — Quelle: Fluke

### 1.2.2 Technische Anforderungen

Die Messgeräte, die für die Sicherheitsprüfung der elektrischen Betriebsmittel und der Schutzmaßnahmen an elektrotechnischen Anlagen vorgesehen sind, müssen den Anforderungen aus DIN VDE 0413 [4] erfüllen. Die **Bilder 1.5** und **1.6** zeigen diese Geräte. Die Hinweise sind auf den jeweiligen Geräten aufgedruckt.

Obwohl auch Universalmultimeter Widerstandsmessungen erlauben, können die Messungen der Schutzleiterdurchgängigkeit und des Isolationswiderstandes mit diesen Geräten nicht durchgeführt werden. Um die niederohmige Verbindung eines Schutzleiters zu messen, ist ein Messstrom von mindestens 0,2 A erforderlich. Das kann mit einem Universalgerät nicht erreicht werden. Auch eine Widerstandsmessung mit einer Gleichspannung von 500 V für die Isolationswiderstandsmessung ist mit einem Universalmultimeter nicht möglich.

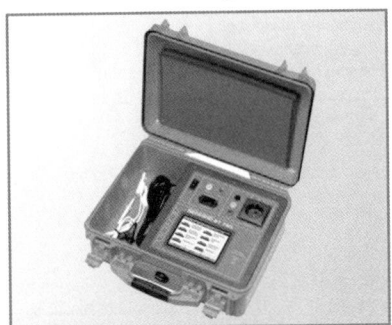

**Bild 1.5** *Betriebsmittelprüfgerät*
Quelle: Benning

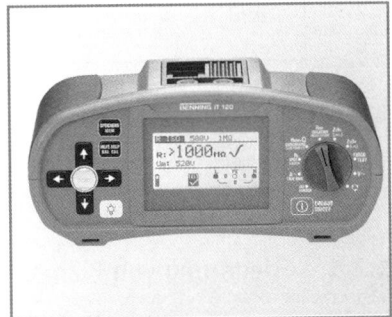

**Bild 1.5** *Installationstester*
Quelle: Benning

Werden Messungen an Maschinen vorgesehen, so ist ein Messgerät zur Isolationswiderstandsmessung mit einer Prüfspannung von 1.000 V erforderlich.

## 1.3 Pläne in der Elektrotechnik

Pläne und Dokumente werden aus unterschiedlichen Gründen, und so auch mit verschiedenen Inhalten, gefertigt. Eine Übersicht zeigt **Bild 1.7**. Zunächst sind da die Pläne, die der Anordnung von Betriebsmitteln dienen. Hier finden wir den Installationsplan und den Anordnungsplan, der auch Aufbauplan genannt wird. Weiter benötigt der Elektrotechniker bei der Herstellung einer Schaltung die notwendigen Vorgaben für die Verknüpfung der Betriebsmittel. Diese Verknüpfung geht aus dem Stromlaufplan hervor. Dazu werden noch eine Reihe anderer Pläne benötigt, die eine Übersicht über die Gesamtanlage geben, ohne auf die Details eingehen zu müssen, um beispielsweise die Verbindung zwischen Baugruppen oder Anlagen zu erkennen. Der Übersichtsplan, aber auch der Klemmenplan, der die Verbindungen innerhalb einer Anlage zeigt, können hier zugeordnet werden.

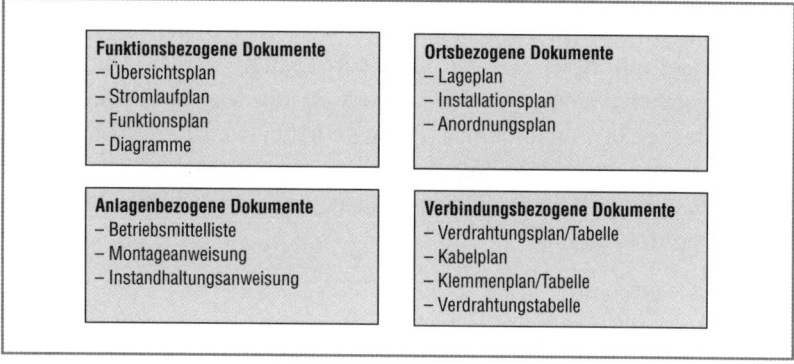

**Bild 1.7** *Pläne in der Elektrotechnik*

### 1.3.1 Gliederung von Plänen

Im Folgenden sollen die in der Elektroinstallationstechnik wichtigsten Pläne angesprochen werden.

## 1.3.1.1 Installationsplan

Der Installationsplan, wie in **Bild 1.8** dargestellt, enthält die lagerichtige Darstellung der Betriebsmittel im Raum oder Gebäude. Für Installationspläne werden Schaltzeichen verwendet. Die Grundlage für die Installationspläne bilden die Grundrisspläne des Architekten. Diese haben meist den Maßstab 1:50. Der Maßstab 1:100 ist manchmal auch gebräuchlich, insbesondere dann, wenn die Werkplanung der Architekten noch nicht abge-

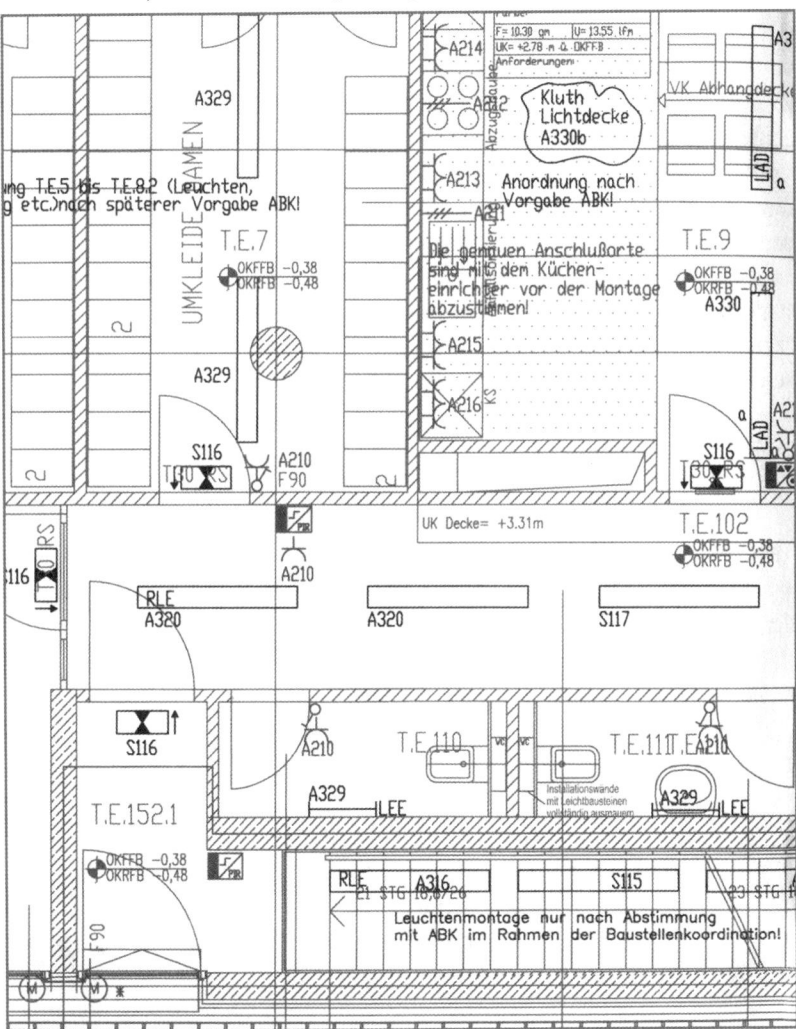

**Bild 1.8** *Auszug aus einem Installationsplan*

schlossen ist. Zusätzlich zu den Schaltern und Steckdosen werden die Leuchtenauslässe und die übrigen Betriebsmittel, die zu versorgen sind, eingetragen. Leuchten werden maßstäblich eingezeichnet. Da die Schalter und Steckdosen sowie auch viele andere Betriebsmittel in Wirklichkeit im Verhältnis zu den Raumabmessungen sehr klein sind, werden diese Symbole größer dargestellt, als sie im Verhältnis zu den Raumabmessungen wirklich sind. Das führt oft zu Missverständnissen. Kabelverlegesysteme werden lagerichtig und maßstäblich eingetragen. Die Höhen, die von den Vorgaben der DIN 18015 [5] abweichen, sind einzutragen. Anzugeben sind auch die Verlegeart und Besonderheiten von Räumen in Bezug auf die Installationsvorschriften und die Schutzmaßnahmen. Leitungen für die Energieversorgung werden nicht gezeichnet. Leitungen für Fernmelde- und IT-Anlagen sind einzutragen. Die Betriebsmittel werden in Übereinstimmung mit den sonstigen Plänen gekennzeichnet. Dabei sind die Stromkreisnummern unbedingt – und die Nummer im Stromkreis manchmal – erforderlich. Die anderen Gewerke können anhand der Installationspläne entstehende Schnittstellen erkennen. Das gilt besonders für die Haupttrassen. Aus diesem Grund sollten auch die Durchbruchpläne in diesen Plan übernommen werden.

In besonderen Fällen werden Detailpläne gezeichnet. Diese haben üblicherweise einen Maßstab von 1:5 bis 1:10 und zeigen besondere Situationen, die in den größeren Maßstäben nicht hinreichend genau gezeigt werden können. Einrichtungen von Bädern und Küchen werden oft auf diese Art dargestellt. Dabei wird manchmal nicht das Symbol des Schalters oder der Steckdose, sondern, bei der Wandansicht, das Gerät in seinem optischen Erscheinungsbild gezeichnet.

Eine weitere Besonderheit der Pläne sind Deckenspiegel, in denen die Ansichten der Leuchten in Verbindung mit allen anderen, in der Decke befindlichen, Bauteile der Haustechnik eingetragen werden.

Der Installationsplan aus Bild 1.8 zeigt die sichtbaren Betriebsmittel lagerichtig im maßstäblichen Grundriss.

### 1.3.1.2 Anordnungsplan

Der Aufbauplan wird auch manchmal Anordnungsplan genannt. Er ist in **Bild 1.9** dargestellt. Das Gehäuse des Schaltschranks ist maßstäblich gezeichnet.

Alle Betriebsmittel im Schrank werden maßstäblich in den Umrissen als Kreis, Rechteck oder Quadrat an der richtigen Position eintragen.

# 1.3 Pläne in der Elektrotechnik

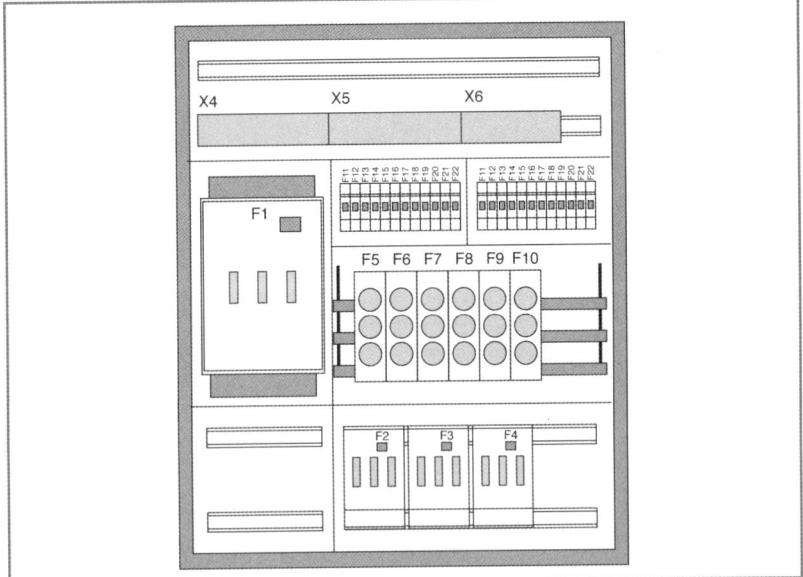

**Bild 1.9** *Anordnungsplan eines Stromkreisverteilers*

Betriebsmittel werden mit dem Kurzzeichen und der Nummer gekennzeichnet.

Der Anordnungsplan (Bild 1.9) zeigt die Betriebsmittel größen- und lagerichtig in einem maßstäblichen Plan.

### 1.3.1.3 Verdrahtungsplan

Für Verdrahtungspläne, wie in **Bild 1.10**, gelten einige Grundregeln:
- die Betriebsmittel werden in der richtigen Lage zueinander gezeichnet,
- die Kennzeichnung der Betriebsmittel und deren Klemmen werden eintragen,
- die Anschlüsse der Einspeisung und der Abgänge werden dargestellt, alle Leitungen sind einzuzeichnen,
- Leiter können zusammengefasst werden.

Eine Besonderheit des Verdrahtungsplans ist der Klemmenplan (Bild 1.10). Er enthält nur die nach außen führenden Klemmen und die daran angeschlossenen Betriebsmittel mit den jeweiligen Klemmen oder Symbolen. Mithilfe der Klemmenpläne ist es möglich, die außerhalb des Schaltschranks notwendige Verkabelung zu planen und auszuführen, sowie die Feldgeräte anzuschließen.

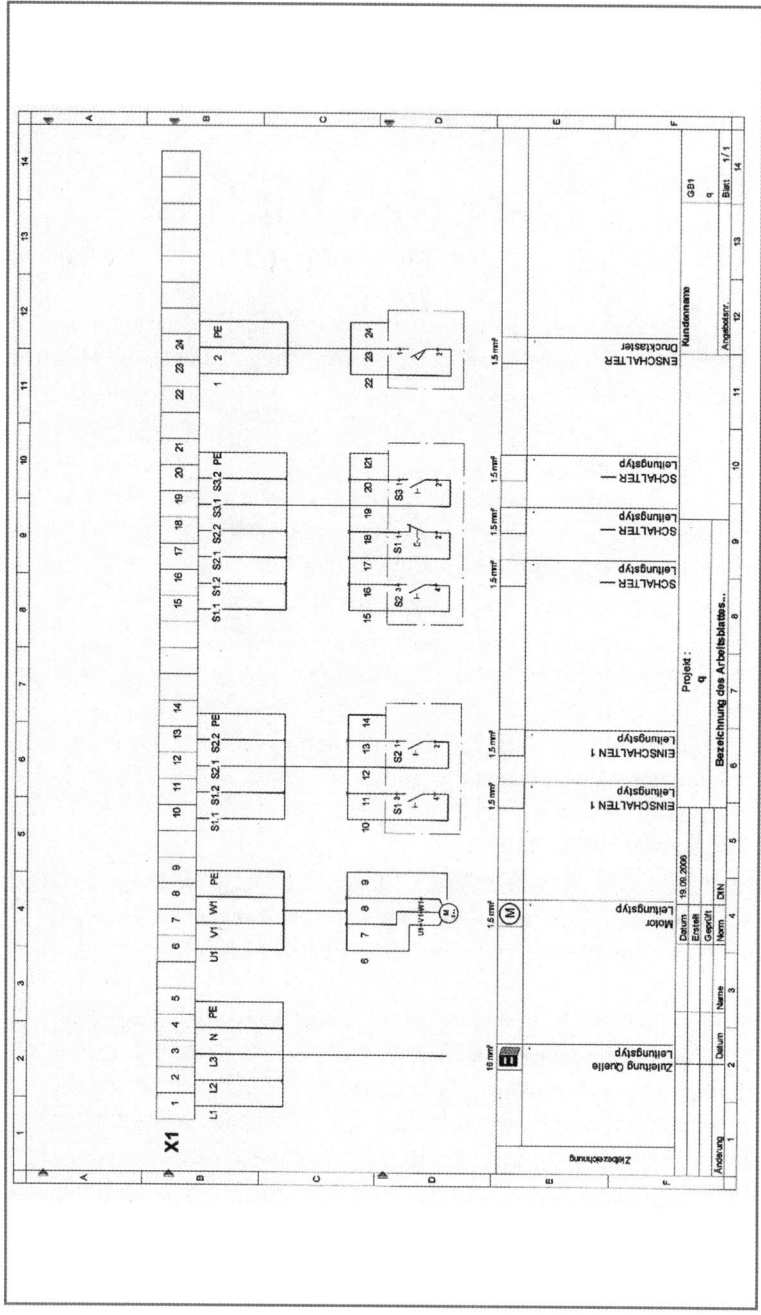

**Bild 1.10** *Klemmenplan*

Diese Angaben können auch in einer Liste, der Anschlusstabelle, erfolgen.
Der Verdrahtungsplan zeigt die Verbindungsstellen der Betriebsmittel und Schaltschränke im funktionalen Zusammenhang.

### 1.3.1.4 Stromlaufplan

Stromlaufpläne werden in Stromlaufpläne mit *zusammenhängender Darstellung*, *halb zusammenhängender Darstellung* und *aufgelöster Darstellung* unterteilt. Hauptsächlich wird die aufgelöste Darstellung verwendet.

In den Stromlaufplänen wird auch die Darstellung der Adern und Leitungen unterschieden. So werden einpolige Darstellungen meist in Übersichtsschaltplänen gewählt. In ihnen werden die Leitungen dargestellt, die der Verbindung der Baugruppen oder Betriebsmittel dienen. Ein Querstrich weist auf die entsprechende Aderzahl hin. Stromlaufpläne werden üblicherweise allpolig dargestellt. Die Linien zeigen jeweils eine Ader. Sämtliche Betätigungselemente und Schaltgeräte werden im stromlosen Zustand gezeichnet. Werden ausnahmsweise betätigte Kontakte dargestellt, wie es in Zeitablaufdiagrammen oft der Fall ist, erhalten diese Kontakte eine zusätzliche Kennzeichnung durch einen Doppelpfeil.

Allen Plänen gemeinsam sind die Kennzeichnungen der Betriebsmittel. Eingetragen werden je Betriebsmittel:

- Kurzzeichen,
- Betriebsmittelnummer,
- Kennzeichnung der Verwendung,
- Klemmenbezeichnung,
- Typ und Größe.

In der zusammenhängenden Darstellung werden alle Kontakte eines Betriebsmittels in unmittelbarer Nähe dargestellt. Das führt oft zu einer unübersichtlichen Leitungsdarstellung. Wichtig bei der zusammenhängenden Darstellung ist auch die räumliche Anordnung der Betriebsmittel zueinander. Die Betriebsmittel werden im Plan möglichst in derselben räumlichen Lage zueinander, aber nicht maßstäblich zueinander, gezeichnet. Die zusammenhängende Darstellung wird oftmals als *Verdrahtungsplan* bezeichnet.

Die halb zusammenhängende Darstellung verbindet die zu den Betriebsmitteln gehörenden Kontakte mit einer gestrichelten Wirkungslinie. Die Leitungsdarstellung kann dadurch übersichtlicher erfolgen. Damit wird aber die direkte Verknüpfung der Lage der Betriebsmittel zueinander, wie sie in der zusammenhängenden Darstellung üblich ist, aufgegeben.

Die häufigste Darstellungsart ist die aufgelöste Darstellung. Der Stromlaufplan zeigt die elektrische Verbindung der Betriebsmittel. Die Strompfade verlaufen bevorzugt senkrecht. Auf die räumlichen Zusammenhänge wird keine Rücksicht genommen. Die funktionalen Zusammenhänge sind wichtiger.

Die Kennzeichen der Verwendung lauten:
- T: Zeitfunktion,
- A: Hilfsfunktion,
- M: Hauptfunktion.

Der Stromlaufplan zeigt die logische Verknüpfung der Betriebsmittel ohne räumliche Darstellung der mechanischen Zusammenhänge. Die Betriebsmittelteile werden als Symbole ohne Bezug auf die realen Abmessungen dargestellt.

Darüber hinaus können Stromlaufpläne einpolig und allpolig dargestellt werden. Die einpolige Darstellung wird oft den Übersichtsplänen zugeordnet. Einpolig ist eine Darstellung, wenn alle Leiter eines Strompfades in einer Linie zusammengefasst werden. Die Bezeichnung der Leiter wird entweder an die Linie geschrieben oder die Anzahl wird an einen Querstrich geschrieben.

### 1.3.1.5 Verdrahtungsliste

Die Verdrahtungsliste dient dem Verdrahten der Verteilung und enthält Anfangspunkt der Leitung, Endpunkt der Leitung, Leitungstyp, Querschnitt und Farbe. Anfangs- und Endpunkt erhalten die Betriebsmittelkennzeichnung und die Klemmkennzeichnung.

Eine Verdrahtungsliste zeigt den Anfangspunkt, den Endpunkt und das zu verwendende Material zur Verdrahtung eines Schaltschranks.

### 1.3.1.6 Übersichtsschaltplan

Der Übersichtsschaltplan aus **Bild 1.11** zeigt die elektrischen Zusammenhänge in einfacher Darstellung. Sie werden einpolig dargestellt. Es werden die Kennzeichnungen der Betriebsmittel und bei Leitungen die Aderanzahlen eingetragen. Die Kennzeichnungen finden sich als Referenzkennzeichnung in allen anderen Plänen der Anlage wieder. Der Übersichtsplan wird auch bei einfachen Verteilungen als Werkstattplan zur Verdrahtung verwendet. Es werden bevorzugt die genormten Symbole verwendet. Die Betriebsmittel können aber auch als einfache Rechtecke oder Kreise mit entsprechender Beschriftung gezeichnet werden. Die Betriebsmittelkennzeichnung

## 1.3 Pläne in der Elektrotechnik

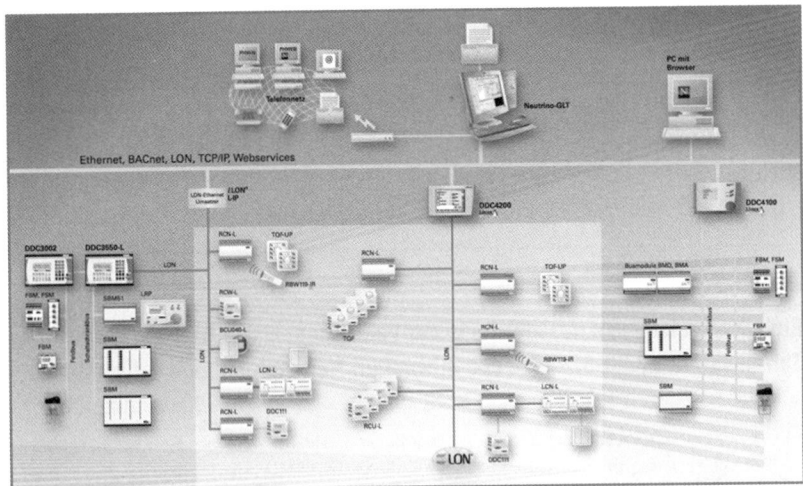

**Bild 1.11** Übersichtsschaltplan  Quelle: Kieback & Peter, Berlin

entsprechend dem Stromlaufplan oder Aufbauplan ist zu übernehmen. Eine Beschriftung mit den elektrischen Daten, Hersteller und Typ ist möglich.

Der Übersichtsplan zeigt alle Betriebsmittel einer Anlage ohne auf die wahren Größen, wohl aber auf die räumlichen und logischen Zusammenhänge Rücksicht zu nehmen.

### 1.3.1.7 Betriebsmittelliste

Die Betriebsmittelliste gemäß **Bild 1.12** listet alle verwendeten Betriebsmittel auf. Mithilfe der Stückliste ist es möglich, bei einer notwendigen Ersatzbeschaffung die Bestellung der Betriebsmittel zu veranlassen. Dazu sind alle für die Bestellung notwendigen Daten sowie der Bezug zum Schaltgerät in diese Liste aufzunehmen.

| Pos. | Menge | Bezeichnung | Kennzeichen | Größe | Fabrikat | Typ | Bestellnummer |
|------|-------|-------------|-------------|-------|----------|-----|---------------|
|      |       |             |             |       |          |     |               |
|      |       |             |             |       |          |     |               |

**Bild 1.12** Beispiel des Tabellenkopfes einer Betriebsmittelliste

### 1.3.1.8 Kennzeichnung von Betriebsmitteln

Die Kennzeichnung von Betriebsmitteln setzt sich aus drei Elementen zusammen.

Das 5. Lastschütz zur Schaltung eines Motors kann beispielsweise die folgende Kennzeichnung aufweisen: „Q1M".

| Q | Kontrolliertes Schalten, Variieren eines Energie- / Materialflusse | Schließen, Öffnen, Schalten, Kuppeln eines Energieflusses | Leistungsschalter, Installationsschalter, Lastschütz, Trenner, Motoranlasser, Bei Hauptzweck Schutz „F" verwenden. |
|---|---|---|---|
| 1 | Zählnummer in der Art des Betriebsmittels | | |
| M | Hauptschütz | | |

Ein Motorschutzschalter könnte gekennzeichnet sein mit: „F1OC".
**Tabellen 1.2** und **1.3** zeigen die möglichen Kennzeichnungen.

| Kennbuchstabe ALT | Kennbuchstabe NEU | Zweck und Aufgabe | Begriffe zur Beschreibung des Zwecks oder der Aufgabe | Typische elektrische Produkte |
|---|---|---|---|---|
| A | A | Zwei oder mehrere Zwecke und Aufgaben | | Sensorbildschirm |
| B | B | Umwandeln einer physikalischen Eigenschaft in ein zur Weiterverarbeitung bestimmtes Signal | Ermitteln und Messen von Werten, Überwachen, Erfassen, Wiegen | Fühler, Sensoren, Wächter, Messwandler, Bewegungsmelder, Näherungsschalter Positionsschalter, Mikrofon, Videokamera |
| C (D) | C | Speichern von Energie oder Informationen | Aufzeichnen, Registrieren, Speichern | Kondensator, Pufferbatterie, Festplatte, Speicher, Schreiber |
| | D | Reserviert für spätere Normung | | |
| E | E | Bereitstellen von Strahlung und Energie | Heizen, Kühlen Beleuchen, Strahlen | Peltierelement, Heizung, Boiler, Lampe, Leuchte, Laser |
| F | F | Direkter Schutz eines Energie- oder Signalflusses, Schutz von Personen | Absorbieren, Überwachen, Verhindern, Schützen, Sichern | Schutzanode, Sicherung, Leitungsschutzschalter, Fehlerstromschutzschalter, Motorschutzschalter, Überspannungsableiter |
| G | G | Initiieren eines Signal- oder Energieflusses, Erzeugen von Informationssignalen | Erzeugen, Herstellen | Galvanisches Element, Batterie, Generator, Solarzelle, Oszillator, Signalgenerato |
| | H | Reserviert für spätere Normung | | |
| | I | Reserviert für spätere Normung | | |
| | J | Reserviert für spätere Normung | | |
| K (V) | K | Verarbeiten, Bereitstellung von Signalen und Informationen | Schließen, Öffnen, Schalten von Steuer- und Regelkreisen, Regeln, Verzögern | Schaltrelais, Zeitrelais, Hilfsschütz, Analogbaustein, Binärbaustein, Regler, Filter, Transistor, Mikro-Prozessor |

**Tabelle 1.2** *Kennzeichnung von Betriebsmitteln in Schaltungsunterlagen (Teil 1/2)*

## 1.3 Pläne in der Elektrotechnik

| Kennbuchstabe ALT | Kennbuchstabe NEU | Zweck und Aufgabe | Begriffe zur Beschreibung des Zwecks oder der Aufgabe | Typische elektrische Produkte |
|---|---|---|---|---|
| | L | Reserviert für spätere Normung | | |
| | M | Bereitstellen mechanischer Energie | Betätigen, Antreiben | Elektromotor, Linearmotor, Stellantrieb, Betätigungsspule, elektromagnetisches Ventil, Kupplung, Bremse |
| | N | Reserviert für spätere Normung | | |
| | O | Nicht anwendbar | | |
| P (H) (V) | P | Darstellung von Informationen | Anzeigen, Melden, Warnen, Alarmieren, Darstellen gemessener Größen, Drucken | Meldeleuchten, LED, Anzeigeeinheiten, Uhr, Hupe, Klingel, Messgeräte, Drucker |
| Q (K) (V) | Q | Kontrolliertes Schalten, Variieren eines Energie-/Materialflussses | Schließen, Öffnen, Schalten, Kuppeln eines Energieflusses | Leistungsschalter, Installationsschalter, Lastschütz, Trenner, Motoranlasser. Bei Hauptzweck Schutz „F" verwenden |
| | R | Begrenzen, Stabilisieren eines Energie-/Materialflussses | Blockieren, Dämpfen, Begrenzen, Stabilisieren | Widerstand, Drosselspule, Diode, Z-Diode |
| | S | Umwandlung manueller Tätigkeit in ein Signal | Manuelles Steuern, Wählen | Steuer- und Quittierschalter, Taster, Tastatur, Maus, Wahlschalter, Sollwerteinsteller |
| | T | Umwandlung von Energie unter Beibehaltung der Energieart, Signalumwandlung unter Beibehaltung des Informationsgehaltes | Transformieren, Verstärken, Modulieren | Leistungstransformator, Gleichrichter, AC/DC-Wandler, Frequenzumrichter, Verstärker, Antenne, Messumformer |
| | U | Halten von Objekten in definierter Lage | Tragen, Halten, Stützen | Isolator, Stützer |
| | V | Bearbeiten von Materialien | Filtern, Wärmebehandlung | Filter |
| | W | Leiten, Führen von Energie und Signalen | Leiten, Verteilen, Führen | Leitung, Kabel, Stromschiene, Sammelschiene, Informationsbus, Lichtwellenleiter |
| | X | Verbinden von Objekten | Verbinden, Koppeln | Klemmen, Klemmleisten, Steckverbinder, Steckdosen |
| | Y | Reserviert für spätere Normung | | |
| | Z | Reserviert für spätere Normung | | |

**Tabelle 1.2** *Kennzeichnung von Betriebsmitteln in Schaltungsunterlagen (Teil 2/2)*

| Kennbuchstabe | Gerät oder Funktion | Kennbuchstabee | Gerät oder Funktion |
|---|---|---|---|
| A | Beschleunigen | OL | Überlast |
| B | Bremsen | P | Potentiometer oder Steckvorrichtung |
| CB | Leistungsschalter | PB | Drucktaster |
| CR | Hilfsschütz, Steuerschütz | PS | Druckwächter, Druckschalter |
| D | Diode | R | Widerstand |
| DS | Trennschalter | REV | Rückwärtslauf |
| F | Vorwärts | SS | Wahlschalter |
| FU | (Schmelz-)Sicherung | SCR | Thyristor |
| GP | Schutzerdung | SV | Magnetventil |
| H | Heben | S | Anlassschütz |
| J | Tippen | SU | Sperre, Unterdrücker |
| LS | Grenztaster, Endlagenschalter | TB | Klemmenblock, Klemmenleiste |
| L | Niedriger, vermindert | TR | Zeitrelais |
| M | Hauptschütz | X | Drosselspule, Reaktanz |
| OC | Überlaststrom | | |

**Tabelle 1.3** *Kennbuchstaben für die Gerätefunktion*

## 1.3.2 Speicherprogrammierbare Steuerungen

Werden speicherprogrammierbare Steuerungen (SPS), wie im **Bild 1.13** gezeigt, eingesetzt, so finden sich neben den genannten noch weitere Planarten: der Kontaktplan (KP), der Funktionsplan (FUP) und die Anweisungsliste (AL). Alle drei Pläne geben Auskunft über die Verknüpfung der Ein- und Ausgänge der Schaltung. Darüber hinaus ist der Stromlaufplan in aufgelöster Darstellung mit einer Zuordnungsliste der Operanden notwendig, um die Hardware richtig zu verschalten.

**Bild 1.13** *SPS (Siemens-Logo) mit Erweiterungsmodul in einem Schaltschrank neben zwei Motorschutzschaltern*

## 1.4 Grundschaltungen der Elektrotechnik

Die Elektrotechnik beschäftigt sich hauptsächlich mit der Herstellung von Funktionalitäten. Der Betätigung eines Schalters folgt das Leuchten der Glühlampe. Sinkt die Temperatur, so schaltet das Heizgerät ein. Auch die komplexesten Funktionen lassen sich auf derartige Grundschaltungen zurückführen. Wichtig ist nur, sie in der komplexen Darstellung zu identifizieren. Der folgende Abschnitt stellt die wichtigsten Grundschaltungen dar.

### 1.4.1 Grundschaltungen der Installationstechnik

#### 1.4.1.1 Ausschaltung

Die Ausschaltung in **Bild 1.14** ist die klassische Schaltung der Elektrotechnik. Eigentlich ist der Begriff etwas verwirrend. Mit dieser Schaltung lässt sich ein Betriebsmittel auch einschalten. Wichtig bei der Verdrahtung ist, dass der Außenleiter geschaltet wird. Der Schaltdraht führt vom Schalter zum Betriebsmittel. Die Verwendung der Leiterfarbe ist hier nicht eingeschränkt. Nur der grün-gelbe Leiter darf nicht als Schaltdraht verwendet werden. In der Installationstechnik werden meist keine Ausschalter, sondern Wechselschalter eingesetzt. Diese werden in vielen Fällen als Universalschalter bezeichnet. Die Darstellung der Schaltung kann in verschiedenen Varianten erfolgen.

#### 1.4.1.2 Serienschaltung

Die Serienschaltung in **Bild 1.15** stellt zwei Ausschaltungen in einem Schalter dar. Dabei wird zum Schalter ein Außenleiter geführt. Im Gegensatz zur Ausschaltung kommen zwei Schaltdrähte zurück. So ist der Serienschalter in der Lage, zwei Betriebsmittel getrennt zu schalten, praktisch also zwei Ausschaltungen in einem Schalter.

#### 1.4.1.3 Wechselschaltung

Bei der Wechselschaltung in **Bild 1.16** werden Betriebsmittel von zwei verschiedenen Stellen geschaltet. Dabei werden die Wechselschalter mit zwei Leitern, den beiden „Korrespondierenden", verbunden. Auch hier gelten die gleichen Bedingungen wie bei der Ausschaltung. Der grün-gelbe Leiter ist tabu. So muss zu einem Wechselschalter eine 4- oder 5-adrige Leitung verlegt werden. Der Wechselschalter besitzt drei Anschlüsse. Ein meist gekennzeichneter Anschluss ist der Pol, der wechselnd auf die beiden nicht

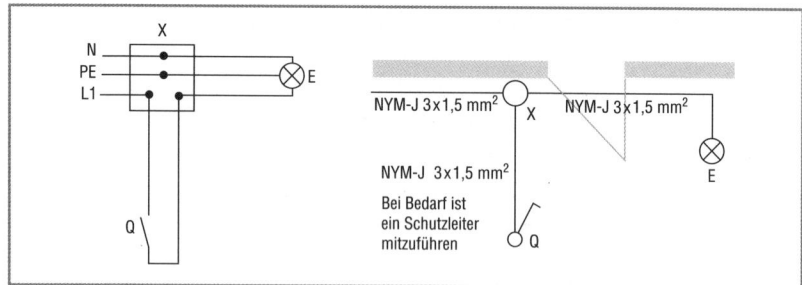

**Bild 1.14** *Ausschaltung (Verdrahtungsplan und Installationsplan)*

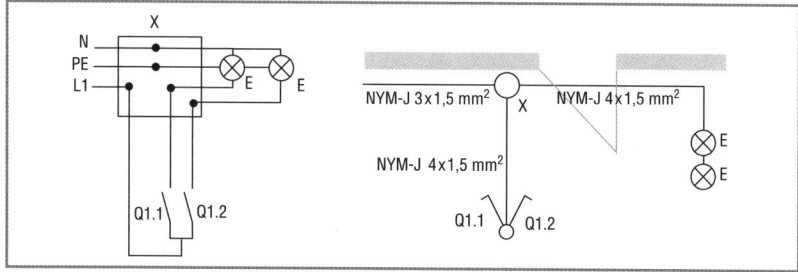

**Bild 1.15** *Serienschaltung (Verdrahtungsplan und Installationsplan)*

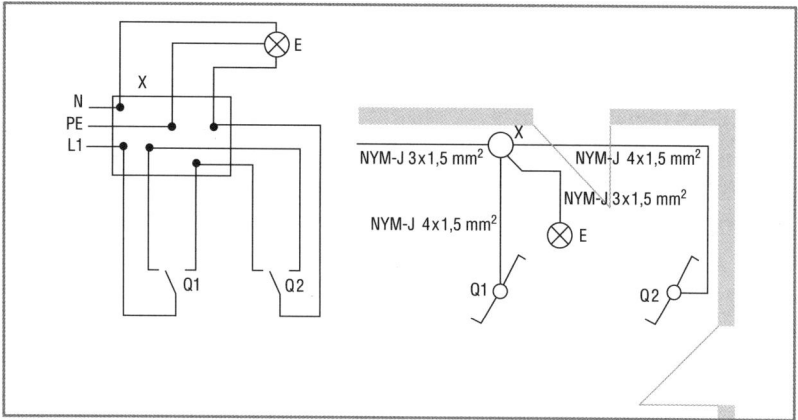

**Bild 1.16** *Wechselschaltung (Verdrahtungsplan und Installationsplan)*

gekennzeichneten Korrespondierenden schaltet. So werden die beiden Korrespondierenden zwischen den Wechselschaltern wechselweise zum Einschalten des Betriebsmittels, dessen Schaltdraht an dem Pol des zweiten Wechselschalters angeschlossen ist, verwendet.

## 1.4 Grundschaltungen der Elektrotechnik

### 1.4.2 Schützschaltungen zur Steuerung von Betriebsmitteln

Schütze können als Verstärker angesehen werden. Ist eine Ausschaltung in der Lage, einen Außenleiter zum Beispiel für ein Wechselstrombetriebsmittel zu schalten, besteht z. B. bei einem Motor die Notwendigkeit, alle drei Außenleiter gleichzeitig mit einem Schaltbefehl zu schalten. Hier leisten Schütze mit ihren Kontakten eine wertvolle Hilfe. Auch bei der Automatisierung von Schaltaufgaben werden Schütze eingesetzt. Die nachfolgenden Grundschaltungen geben einen Einblick in die Funktion der Schützschaltungen.

#### 1.4.2.1 Selbsthaltung

Die Selbsthaltung in **Bild 1.17** ist die wichtigste Grundschaltung, auf deren Basis sehr viele Funktionen aufgebaut werden. Die Schaltung eines Motors durch Drücken eines Tasters und dessen Ausschaltung durch Drücken eines anderen Tasters sind hier beispielhaft genannt. Auch die Schaltung von ver-

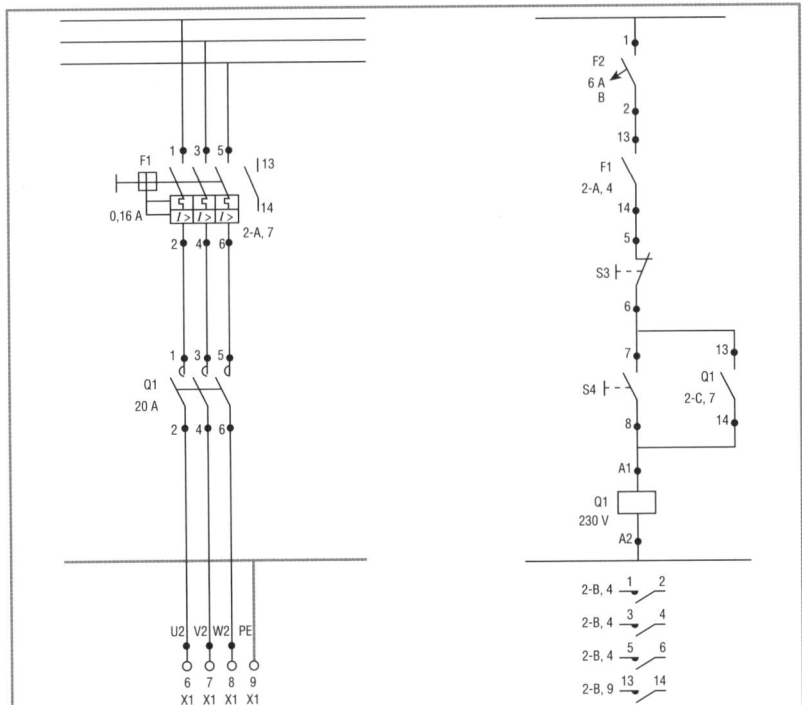

**Bild 1.17** *Selbsthaltung für ein Motorschütz bei manueller Einschaltung*

schiedenen Stellen ist mit dieser Grundschaltung möglich. Wichtig ist bei der Einschaltung, dass ein Impuls genügt, um den Schaltvorgang auszulösen. Ein Impuls kann aber auch die Ausschaltung erreichen.

**Funktionsbeschreibung**
Der Taster „EIN" schaltet die Steuerspannung auf die Schützspule. Dadurch zieht das Schütz an. Der Hilfskontakt des Schützes 13/14 schließt und gibt auf einem zweiten Weg Spannung auf die Schützspule (A1-A2). Nachdem der Taster losgelassen wurde, bleibt das Schütz angezogen, weil der Kontakt 13/14 (Selbsthaltekontakt) weiterhin angezogen bleibt. Das Schütz fällt ab, wenn der zur Versorgung geschlossene Stromkreis durch Betätigen des Tasters „AUS" unterbrochen wird. Dadurch öffnet auch der Kontakt 13/14 von Q1 und das Schütz bleibt bis zur nächsten Einschaltung abgefallen. Der Kontakt 13/14 von F1 dient der Sicherheit, dass das Schütz bei Auslösung des Motorschutzschalters auch abfällt.

### 1.4.2.2 Schutz vor Fehlbedienung
Ein Problem kann dann entstehen, wenn zwei Taster unterschiedliche Funktionen auslösen und gleichzeitig bedient werden können. Dadurch kann es zu unkontrollierten Zuständen der Schaltung kommen. Aus diesem Grund verriegelt man die Bedienelemente, hier im Beispiel **Bild 1.18** die Taster. Wird beispielsweise der Taster S1 betätigt, öffnet der mit dem Schließer mechanisch verbundene Öffner des Tasters den Stromzweig des Tasters S2. Dieser wiederum besitzt im Zweig des Tasters S1 einen mit dem Schließer mechanisch gekoppelten Öffner. Damit können beide Taster betätigt werden. Es wird jedoch bei Betätigung des jeweils anderen Tasters nur der bestehende Stromfluss unterbrochen.

### 1.4.2.3 Schützverriegelung
Der Schutz vor ungewollter Schaltung bei einem Defekt wird mit der Schützverriegelung nach **Bild 1.19** erreicht. Wird ein Betriebsmittel durch verschiedene Funktionen angesteuert oder soll verhindert werden, dass zwei Schütze und die damit auszuführenden Funktionen gleichzeitig angesteuert werden können, wird die Schützverriegelung (Bild 1.19) verwendet. Dabei ist jeweils ein Öffner des verriegelnden Schützes vor die Spule des verriegelten Schützes gelegt. Ist beispielsweise das Schütz Q1 angezogen, wird durch den Öffner von Q1 vor der Spule von Q2 die Einschaltung von Q2 verhindert.

## 1.4 Grundschaltungen der Elektrotechnik

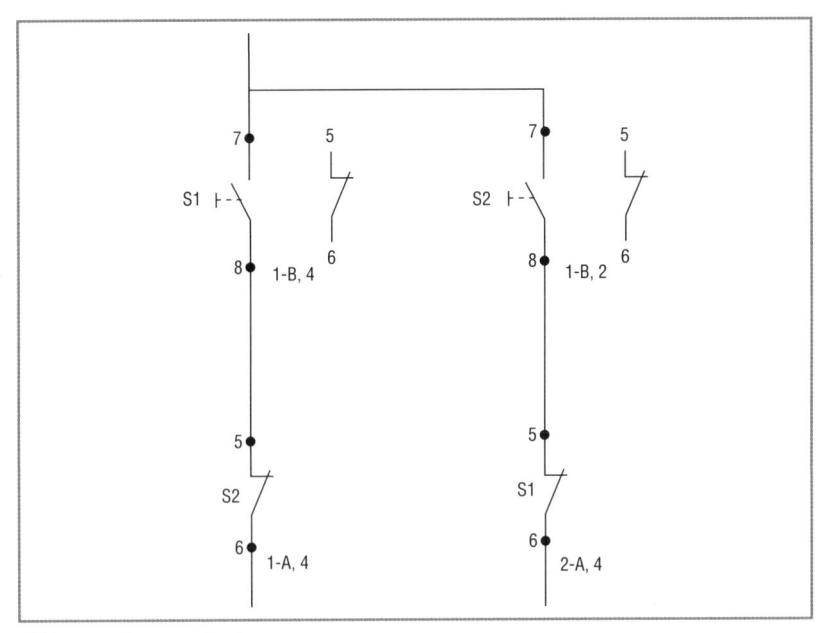

**Bild 1.18** *Tasterverriegelung*

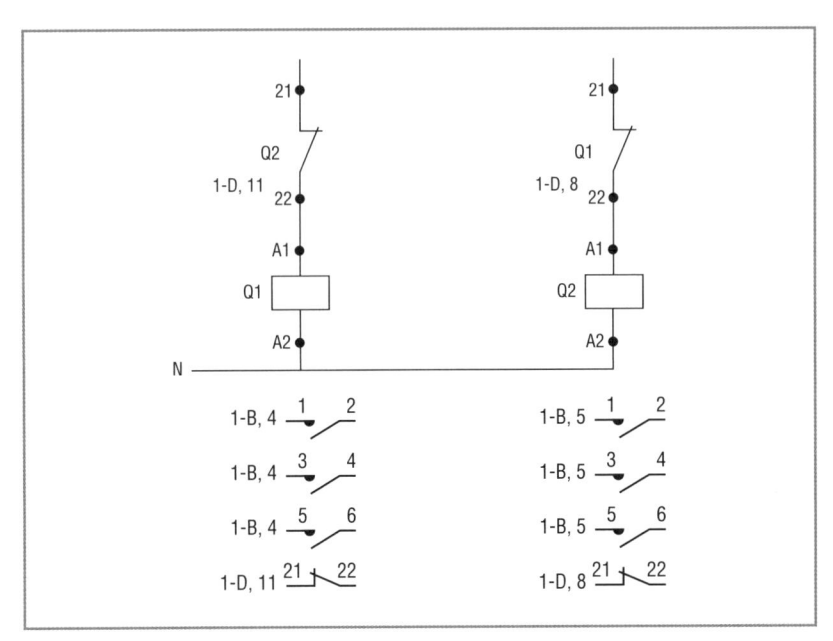

**Bild 1.19** *Schützverriegelung*

### 1.4.2.4 Hand-Automatik-Schaltung

Oft wird es notwendig, eine Automatik zu umgehen (**Bild 1.20**). Eine Pumpe soll abpumpen, obwohl der Schwimmerschalter noch kein Signal gibt. Die Anlage soll geprüft werden, obwohl die Einschalttemperatur noch nicht erreicht ist. Viele Anwendungen ergeben sich. Diese Grundschaltung hat viele Anwendungen.

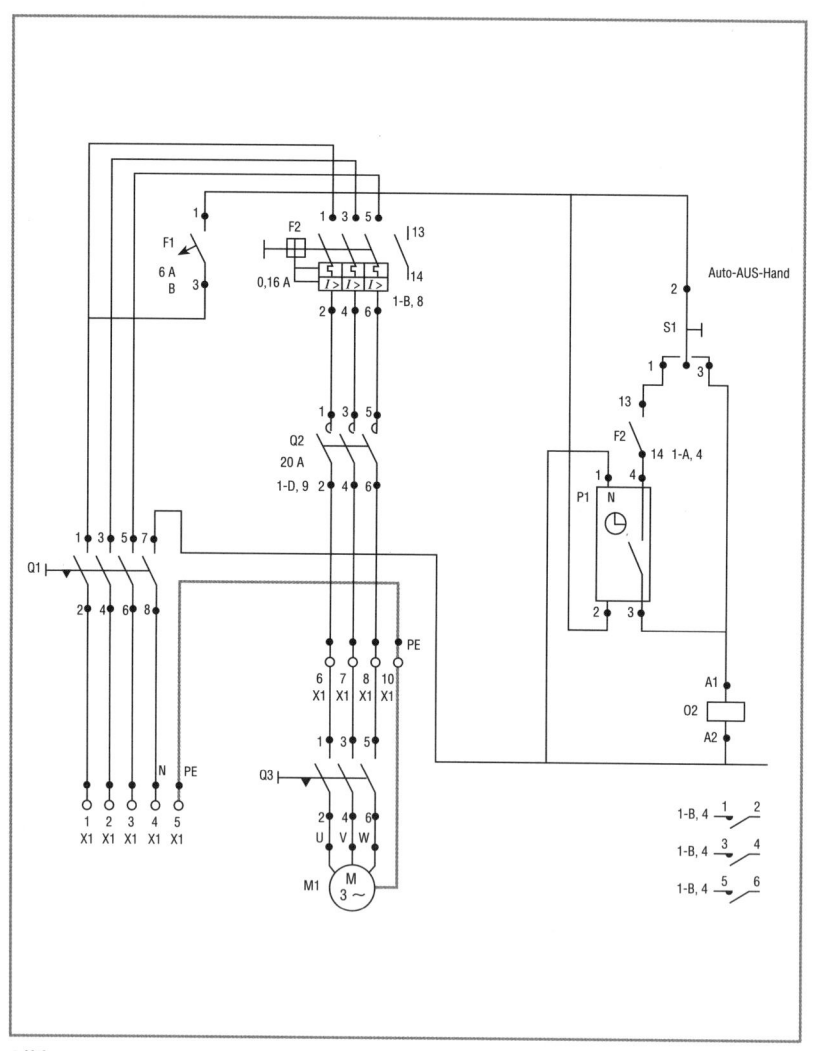

**Bild 1.20**  *Hand-Automatik-Schaltung*

## Manuelle Bedienung
Die verwendeten Betriebsmittel haben folgende Funktion:
- Q1: Hauptschalter zur allpoligen Freischaltung der Anlage,
- Q2: Lastschütz,
- Q3: Reparaturschalter,
- F1: Steuersicherung,
- F2: Motorschutzschalter mit Hilfskontakt 13/14,
- S1: Wahlschalter Automatik – Aus – Hand,
- P1: Schaltuhr zur automatischen Einschaltung der Anlage.

Hand-Automatikschaltungen können anstelle der Schaltuhr auch andere Signalgeber wie Raumthermostate, Schwimmerschalter und ähnliche Geräte zur Steuerung aufweisen.

### 1.4.2.5 Wendeschützschaltung
**Drehrichtung ändern**
Die Wendeschützschaltung in **Bild 1.21** erfordert zwei Hauptschütze. Jedes der Hauptschütze ist für eine Drehrichtung zuständig. Die Schütze schalten die Lage der Außenleiter am Motor um. Während bei Rechtslauf die Verbindungen L1-U1, L2-V1, L3-W1 geschaltet werden, wird beim Linkslauf die Reihenfolge geändert in L1-W1, L2-V1, L3-U1. Damit ändert sich auch die Drehrichtung. Der Abschnitt über elektrische Maschinen zeigt die Beschaltung des Klemmbretts.

### 1.4.2.6 Frostschutzschaltung
Die Frostschutzschaltung stellt eine Verriegelung und Folgeschaltung dar. Sinkt die Temperatur im Außenluftkanal auf einen bestimmten Wert, so besteht die Gefahr, dass die Register einfrieren. Sicherheitshalber werden die Außenluftklappen zugefahren und der Zulüfter wird abgeschaltet. Eine Signalleuchte speichert den Zustand bis zur Entriegelung. Darüber hinaus kann eine Störmeldung an die Sammelstöranzeige geschaltet werden.

### 1.4.2.7 Sonstige Motorsteuerungen
Bei den Motorsteuerungen finden wir eine Vielzahl von Varianten, deren Darstellung an dieser Stelle auf die Nennung der wesentlichsten Arten begrenzt werden sollen:
- Drehzahländerung von Asynchronmaschinen mit getrennten Wicklungen,
- Drehzahländerung von Asynchronmaschinen in Dahlander-Schaltung Wechselstrommaschinen,

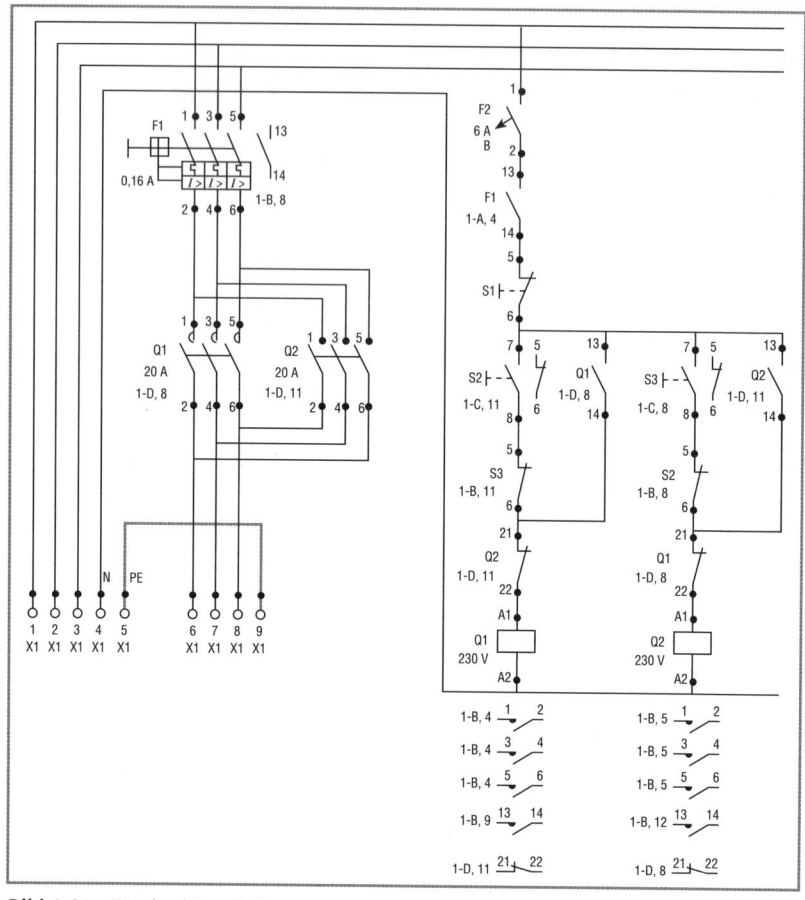

**Bild 1.21** *Wendeschützschaltung*

- Drehrichtungsänderung von Wechselstrommaschinen,
- Parallelschaltung von Wechselstrommaschinen mit Drehrichtungsänderung.

### 1.4.2.8 Speicherprogrammierbare Steuerungen (SPS)

In der Steuerungstechnik übernehmen speicherprogrammierbare Steuerungen in den letzten Jahren immer mehr Aufgaben von der fest verdrahteten Steuerung.

Diese SPS gibt es neben dem klassischen Anwendungsfall im Maschinenbau auch für den Bereich der Elektroinstallation in besonders kompakter

Form, die als sogenannte Kleinsteuerungen von verschiedenen Herstellern mit einer breiten Funktionspalette angeboten werden.

Die Steuerung übernimmt dabei die Funktion der Verknüpfung und von Zeitschaltern. Die Zuordnung der Ein- und Ausgänge ist mittels Programmen jederzeit änderbar. Eine Veränderung der Verdrahtung ist nicht erforderlich. Der Vorteil dieser Lösung liegt in der geringeren Anzahl von Bauelementen, die zum Aufbau benötigt werden. Dadurch werden die Fertigungszeit der Steuerung und die Störanfälligkeit gesenkt.

### 1.4.3 Aufbau von Schaltschränken

Schaltschränke für Motorsteuerungen und für Heizung-, Klima- und Lüftungsanlagen fallen unter die Errichternorm DIN EN 60204-1 „Sicherheit von Maschinen, Elektrische Ausrüstung von Maschinen" – Teil 1: Allgemeine Anforderungen [6].

#### 1.4.3.1 Temperatur in Schaltschränken

Betriebsmittel in Schaltschränken, dazu gehören zum Beispiel Leitungsschutzschalter, Fehlerstromschutzschalter und Regelgeräte, dürfen nur einer bestimmten Umgebungstemperatur ausgesetzt werden, damit sie nach den Vorgaben des Herstellers einwandfrei funktionieren. Das ist besonders wichtig, wenn es sich dabei um Schutzeinrichtungen handelt. Die maximale Umgebungstemperatur der Betriebsmittel wird von den Herstellern in den Datenblättern angegeben.

Ein Leitungsschutzschalter hat bei einer Umgebungstemperatur von 30 °C seinen Bemessungswert. Steigt die Temperatur, so schaltet er früher ab. Ein Fehlerstromschutzschalter hat seinen Bemessungswert bei 40 °C. Betrachtet man die Regelgeräte, so liegen die Umgebungstemperaturbereiche bei ca. 45 °C. Das bedeutet, dass die im Schaltschrank erzeugte Wärmelast zu keiner größeren Temperaturerhöhung an der Einbaustelle führen darf.

In den Produktunterlagen der Hersteller finden sich auch üblicherweise die Leistungen, die im Betrieb freigesetzt werden. Auch die Wärmeübertragung des Schaltschrankinneren an die Umgebung ist in den Datenblättern der Hersteller angegeben. Daraus kann mithilfe einer einfachen Addition der Wärmeabgabe der eingebauten Betriebsmittel und der Wärmeabgabe des Gehäuses an die Umgebung die Innentemperatur ermittelt und mit den Maximalwerten verglichen werden.

## 1.4.3.2 EMV-Gesichtspunkte

Die elektromagnetische Verträglichkeit (EMV) stellt in der Zeit der komplexen Mess-, Steuer-, Regelungstechnik (MSR-Technik) mit den kleinen Signalpegeln ein ernstzunehmendes Problem dar. Dabei werden von den Energieleitungen Spannungen auf die MSR-Leitungen übertragen. **Bild 1.22** zeigt das Schema in vereinfachter Form. Grundsätzlich besteht bei der Annäherung der vom Laststrom eines Motors durchflossenen Leitungen die Gefahr, dass die auf den MSR-Leitungen liegenden Signalspannungen gestört werden.

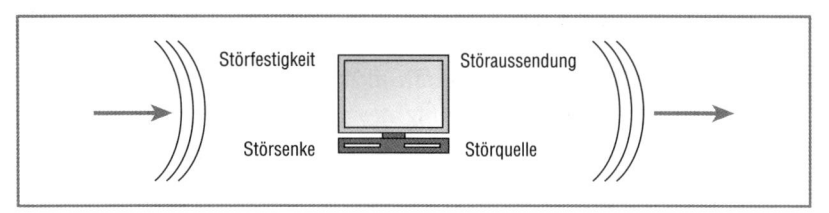

**Bild 1.22** *EMV-Schema Abschirmen und Trennen*

### Störungen

Die Störungen stammen aus einer Störquelle. Die Störquelle sendet elektromagnetische Wellen aus, die von einer Störsenke aufgenommen werden.

Die Höhe, in der die elektromagnetischen Felder auftreten dürfen, ist in einer Gewerbeumgebung größer als in einer Wohnungsumgebung. Die Störsenke besitzt eine Störfestigkeit, die ebenfalls abhängig vom Einsatzort des Gerätes (im Haushalt oder im Gewerbe) ist. Fast jedes elektrisch betriebene Gerät ist gleichzeitig Störquelle und Störsenke, kann also durch eine elektromagnetische Umgebung gestört werden und empfindliche Systeme in der Nähe stören.

### Abschirmen und Trennen

Diese Einwirkungen müssen durch verschiedene Maßnahmen verhindert werden. Da sind zunächst die Trennungsabstände. Je weiter die beiden Leitungsarten auseinander liegen, umso geringer sind die Auswirkungen. Deshalb ist in einem Schaltschrank für die MSR-Leitungen und die Energieleitungen ein unterschiedlicher Weg zu wählen. Auch die Klemmreihen sollten getrennt werden. Bei der Verlegung der Leitungen im Feld ist ebenfalls eine Trennung notwendig. Grundsätzlich sind die Fühlerleitungen in einer abgeschirmten Variante auszuwählen. Zusätzlich bieten sich bei Kabelbühnen oder Kabelkanälen Trennstege aus Metall an. Alternativ kann auch ein geschlossenes metallisches Rohrsystem verwendet werden um die elektromagnetischen Felder von den MSR-Leitungen fernzuhalten.

### 1.4.3.3 Überspannungsschutz

In diesem Zusammenhang ist auch auf Überspannungen hinzuweisen, die durch verschiedene Ursachen besonders für die MSR-Technik gefährlich sein können. Nicht nur direkte Blitzeinschläge in der Nähe des Gebäudes, sondern auch Schalthandlungen aus dem Ein- und Ausschalten der Motoren können Überspannungen in Netzen verursachen. Ein wirksamer Schutz hiergegen kann mithilfe von Überspannungsableitern aufgebaut werden. Diese sind in den Stromkreisen der Spannungsversorgung ebenso erforderlich wie in den Stromkreisen der MSR-Technik. Das System der Überspannungsableiter in der Stromversorgung ist – beginnend an der Einspeisung des Gebäudes, über den Stromkreisverteiler bis zum Endgerät – in drei Stufen aufgebaut. Auf der Seite der MSR-Technik sind Überspannungsableiter an den Eingängen der Schaltschränke sowie bei von Außen kommenden Leitungen an der Gebäudeeintrittstelle erforderlich. Für die verschiedenen Schnittstellen stehen Geräte zur Verfügung. Ein Überspannungsschutzkonzept wird auf der Basis einer Gefährdungsbeurteilung und unter Berücksichtigung von Blitzschutzmaßnahmen erstellt.

## 1.5 Übungsaufgaben

**Aufgabe 1.1**
Welches Kennzeichen muss ein Werkzeug für Arbeiten an unter Spannung stehenden Teilen tragen?

**Aufgabe 1.2**
Welche Maßnahmen sind zur Vermeidung von Verletzungen beim Verwenden von Werkzeugen zu treffen? Nennen Sie drei Maßnahmen.

**Aufgabe 1.3**
Welcher Kategorie muss ein Messgerät angehören, wenn es zum Messen an der Spannungsversorgung einer Steckdose verwendet werden soll?

**Aufgabe 1.4**
Warum kann kein Multimeter zur normgerechten Feststellung der niederohmigen Verbindung eines Schutzleiters verwendet werden?

**Aufgabe 1.5**
Mit welcher Mindestspannung muss der Isolationswiderstand gemessen werden?

**Aufgabe 1.6**
Nennen Sie mindestens einen Messgerätetyp, der die Bedingung aus den vorherigen Fragen erfüllt!

**Aufgabe 1.7**
Welche Darstellungsweisen finden bei Stromlaufplänen meist Anwendung?

**Aufgabe 1.8**
Nennen Sie mindestens zwei Gesichtspunkte, unter denen Schaltschränke aufgebaut werden sollen und begründen Sie die Wichtigkeit dieser Maßnahmen.

# 2 Praktische Arbeitsorganisation und Verantwortlichkeiten

**Lernziele dieses Kapitels**
Elektrotechnische Arbeiten werden nach den anerkannten Regeln der Technik, zu denen die VDE-Bestimmungen gehören, ausgeführt. Auch im Hinblick auf die Arbeitsorganisation und die in der Elektrotechnik tätigen Personen existieren Regeln, die von den Beteiligten einzuhalten sind. Der folgende Abschnitt erläutert die anerkannten Regeln der Technik in diesem Sinne.

## 2.1 Beteiligte

Um den sicheren Betrieb einer Anlage zu gewährleisten, müssen Personen beschäftigt sein, die diese Aufgabe übernehmen (**Bild 2.1**). In den Unfallverhütungsvorschriften und den VDE-Bestimmungen sind den Aufgaben eine Reihe von Personen zugeordnet. Diese Personen zu bestimmen und die Ar-

| Unternehmen, das elektrotechnische Arbeiten durchführt | Unternehmen, das elektrotechnische Anlagen betreibt |
|---|---|
| Unternehmer | Unternehmer |
| Verantwortliche Elektrofachkraft (vEFK) | Anlagenbetreiber |
| Arbeitsverantwortlicher | Anlagenverantwortlicher |
| Elektrofachkraft, Elektrofachkraft für festgelegte Tätigkeiten, Elekrotechnisch unterwiesene Person | |

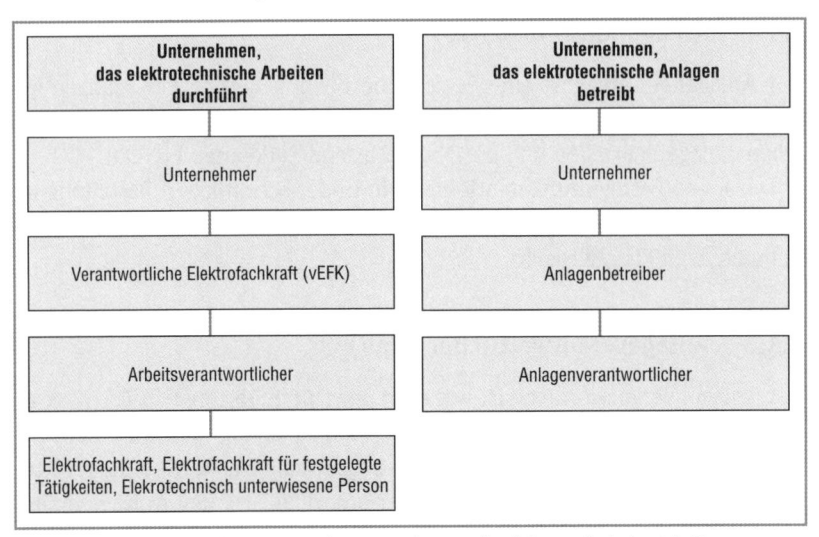

**Bild 2.1** *Verantwortliche Personen in Unternehmen, die elektrotechnische Arbeiten ausführen oder elektrotechnische Anlagen betreiben*

beiten entsprechend den gesetzlichen und normativen Regeln ausführen zu lassen, wird oft unter dem Schlagwort „regelkonforme Unternehmensstruktur" diskutiert.

### 2.1.1 Unternehmer

Der Unternehmer ist grundsätzlich für den ordnungsgemäßen Betrieb seines Unternehmens verantwortlich. Er hat dafür zu sorgen, dass die Anlagen nach den anerkannten Regeln der Technik unterhalten und betrieben werden. Auch für die Errichtung und Instandsetzung nach den anerkannten Regeln der Technik ist er verantwortlich. Diese Aufgaben kann er jedoch nur dann sachgerecht wahrnehmen, wenn er über ausreichende Fachkenntnisse und Erfahrungen verfügt. Liegen die Voraussetzungen nicht vor, kann er seine Unternehmerpflichten übertragen. Die Übertragung kann dabei an einen Mitarbeiter des eigenen Unternehmens oder an eine Person außerhalb des Unternehmens erfolgen. Der Unternehmer trägt jedoch auch weiterhin die Verantwortung insbesondere im Zusammenhang mit der sach- und fachgerechten Auswahl des Mitarbeiters und im Zusammenhang mit der Überwachung der beauftragten Personen. Grundsätzlich sind die Personen schriftlich zu bestellen.

### 2.1.2 Anlagenbetreiber (AB)

Der Anlagenbetreiber ist eine Person, die für den Betrieb der Anlagen zuständig ist. Sie muss den ordnungsgemäßen Zustand einer elektrotechnischen Anlage beurteilen und unsichere Zustände erkennen können.

Dazu sind Fachkenntnisse erforderlich. In der schriftlichen Bestellung in, der die Unternehmerpflichten übertragen werden, sind die Aufgaben und Kompetenzen klar zu regeln.

### 2.1.3 Anlageverantwortlicher (AnV)

Der Anlagenverantwortliche ist während der Durchführung von Arbeiten an der Anlage für den ordnungsgemäßen Betrieb zuständig. Er kennt die Anlage und kann die Auswirkungen der Arbeiten auf den Betrieb der elektrischen Anlage beurteilen. Dazu ist es erforderlich, das der Anlagenverantwortliche Elektrofachkraft ist. Grundsätzlich kann zwar die Aufgabe des Anlagenverantwortlichen auch von einer Person übernommen werden, die damit beauftragt ist, die Arbeiten auszuführen, das ist jedoch nicht sinnvoll. Das Vier-Augen-Prinzip zur Sicherstellung der Arbeitsverfahren zur Arbeitssicherheit wird dadurch untergraben. Der Anlagenverantwortliche ist vom Unternehmer für diese Tätigkeit auszuwählen. Er wird schriftlich für sein Aufgabengebiet bestellt. In der Bestellung sind die Aufgaben und Kompetenzen klar zu regeln.

### 2.1.4 Verantwortliche Elektrofachkraft (vEFK)

In einem Unternehmen oder einem Unternehmenszweig, in dem elektrotechnische Arbeiten ausgeführt werden, ist eine verantwortliche Elektrofachkraft zu bestellen. Sie übernimmt die fachliche Verantwortung für die Ausführung der Arbeiten. Die verantwortliche Elektrofachkraft ist schriftlich zu bestellen. In der Bestellung sind die Aufgaben und Kompetenzen klar zu regeln.

### 2.1.5 Arbeitsverantwortlicher (ArbV)

Werden Arbeiten von mehr als einer Person ausgeführt, ist eine Person als verantwortliche Person zu bestimmen. Dieser Arbeitsverantwortliche trägt die Verantwortung für die sichere Ausführung der Arbeiten vor Ort. Der Arbeitsverantwortliche ist schriftlich zu bestellen. In der Bestellung sind die Aufgaben und Kompetenzen klar zu regeln.

### 2.1.6 Elektrofachkraft (EFK)

Werden elektrotechnische Arbeiten ausgeführt, ist dafür eine Ausbildung zur Elektrofachkraft erforderlich. Eine Elektrofachkraft gilt nur als Elektrofachkraft in dem Bereich, in dem sie sich wirklich auskennt und Erfahrungen hat. Die Elektrofachkraft darf jedoch ausschließlich die Tätigkeiten ausführen, bei denen sie die Regeln der Arbeitssicherheit, der Technik und der handwerklichen Ausführung sachgerecht befolgen kann.

### 2.1.7 Elektrofachkraft für festgelegte Tätigkeiten (EFKffT)

Die Elektrofachkraft für festgelegte Tätigkeiten darf eigenverantwortlich nur die Arbeiten ausführen, für die eine Arbeitsanweisung vorliegt und für die sie bestellt ist. Alle anderen Arbeiten dürfen nur unter Leitung und Aufsicht einer Elektrofachkraft ausgeführt werden.

## 2.1.8 Elektrotechnisch unterwiesene Person (EUP)

Die elektrotechnisch unterwiesene Person arbeitet ausschließlich unter Leitung und Aufsicht einer Elektrofachkraft. Es dürfen ausschließlich die Arbeiten ausgeführt werden, für die die EUP unterwiesen wurde. Die Unterweisung geschieht durch eine Elektrofachkraft. Grundsätzlich können das alle Arbeiten sein, die nach der Arbeitsmethode „Arbeiten im spannungsfreien Zustand" durchgeführt werden.

## 2.1.9 Fachkundige Person

Neben den klassischen Bezeichnungen der beruflichen Qualifikation, wie sie aus den Unfallverhütungsvorschriften und den VDE-Bestimmungen als Elektrofachkraft, Elektrofachkraft für festgelegte Tätigkeiten sowie als elektrotechnisch unterwiesene Person hervorgehen, findet sich im Arbeitsschutzgesetz und den folgenden Verordnungen technischer Regeln folgende Begriffe:

- Fachkundige Person, (Betriebssicherheitsverordnung § 2)
  (5) *„Fachkundig ist, wer zur Ausübung einer in dieser Verordnung bestimmten Aufgabe über die erforderlichen Fachkenntnisse verfügt. Die Anforderungen an die Fachkunde sind abhängig von der jeweiligen Art der Aufgabe. Zu den Anforderungen zählen eine entsprechende Berufsausbildung, Berufserfahrung oder eine zeitnah ausgeübte entsprechende berufliche Tätigkeit. Die Fachkenntnisse sind durch Teilnahme an Schulungen auf aktuellem Stand zu halten."*

- Zur Prüfung befähigte Person (kurz auch „befähigte Person") (Betriebssicherheitsverordnung § 2)
  (6) *„Die zur Prüfung befähigte Person ist eine Person, die durch ihre Berufsausbildung, ihre Berufserfahrung und ihre zeitnahe berufliche Tätigkeit über die erforderlichen Kenntnisse zur Prüfung von Arbeitsmitteln verfügt; soweit hinsichtlich der Prüfung von Arbeitsmitteln in den Anhängen 2 und 3 weitergehende Anforderungen festgelegt sind, sind diese zu erfüllen.*
  *– unterwiesene Beschäftigte*
  *– andere Personen"*

Im Zusammenhang mit der Prüfung elektrischer Gefährdungen fordert die Betriebssicherheitsverordnung über die TRBS 1201, dass diese Tätigkeiten in der Regel von einer befähigten Person ausgeführt werden müssen. Die

Anforderungen an eine befähigte Person sind in der TRBS 1203 beschrieben. Im Einzelnen sind das:
- eine Berufsausbildung in dem Fachgebiet, in dem die Prüfung durchgeführt werden soll,
- Berufserfahrung in dem jeweiligen Fachgebiet von mindestens einem Jahr,
- eine regelmäßige, jährliche Weiterbildung im Zusammenhang mit den Prüftätigkeiten.

Grundsätzlich kann eine Elektrofachkraft für festgelegte Tätigkeiten als „befähigte Person" im Sinne der TRBS 1203 angesehen werden, wenn die genannten Anforderungen erfüllt sind. In der Verantwortung, dass die Prüfung durch eine befähigte Person durchgeführt wurde, ist der Unternehmer, unter dessen Verantwortung das zu prüfende System ordnungsgemäß zu betreiben ist. Der Unternehmer, unter dessen Verantwortung die EFKffT steht, sollte zum Beispiel durch eine Überprüfung der EFKffT durch eine qualifizierte Elektrofachkraft und durch die Sicherstellung der qualifizierten Weiterbildung die Qualifikation als befähigte Person zur Prüfung elektrischer Gefährdungen belegen können.

## 2.2 Arbeitsorganisation in der Elektrotechnik

### 2.2.1 Übertragung von Verantwortung

Der Unternehmer ist grundsätzlich für alle Maßnahmen des Arbeitsschutzes und der betrieblichen Organisation verantwortlich. Da er diese Aufgabe in der Regel nicht selbst erledigen kann, besteht die Möglichkeit, die Unternehmerpflichten zu delegieren. Die Übertragung der Unternehmerpflichten erfolgt grundsätzlich schriftlich. Eine Übertragung entbindet den Unternehmer jedoch nicht von seiner Gesamtverantwortung. Entlastend kann nur eine sachgerechte und regelkonforme Übertragung der Verantwortung wirken.

### 2.2.2 Aufgaben der Beteiligten

Werden in einem Unternehmen elektrotechnische Arbeiten ausgeführt, muss der Anlagenverantwortliche für die anlagenseitige Arbeitssicherheit sorgen. Der Anlagenverantwortliche koordiniert gemeinsam mit dem Arbeitsverantwortlichen die notwendigen Maßnahmen, die zur sachgerechten Durchführung der Arbeiten erforderlich sind.

Das sind in erster Linie die Maßnahmen zum Freischalten der Arbeitsstelle und zum Wiedereinschalten bei der Wiederinbetriebnahme der Anlage.

Im Falle eines Auftrags an ein Fremdunternehmen können die Aufgaben des Anlagenverantwortlichkeiten auch auf den Arbeitsverantwortlichen des Unternehmers übertragen werden. Dieses Verfahren ist meist bei Arbeiten im privaten Wohnungsbau obligatorisch, wenn die Hausverwaltung keinen Anlagenverantwortlichen bestellt hat. In größeren Unternehmen mit komplexen Anlagen können auch mehrere Anlagenverantwortliche mit verschiedenen Aufgaben, zum Beispiel für den Bereich Energieanlagen, informationstechnische Anlagen usw. tätig sein. Der Mitarbeiter der Fremdfirma hat sich dann an den zuständigen Anlagenverantwortlichen zu wenden.

Für die Freischaltung und die Wiederinbetriebnahme der Anlage oder des Anlagenteils nach Abschluss der Arbeiten ist der Anlagenverantwortliche zuständig. Da der Arbeitsverantwortliche oftmals die Folgen einer Freischaltung oder des Wiedereinschaltens nicht beurteilen kann, sollte er diese Arbeit in jedem Fall dem Anlagenverantwortlichen überlassen. Der Arbeitsverantwortliche bleibt jedoch für seinen Bereich und für die von ihm zu leistende Arbeit im Hinblick auf die Arbeitssicherheit verantwortlich. Er muss also die ordnungsgemäße Freischaltung und das Sichern gegen Wiedereinschalten überprüfen und die Spannungsfreiheit vor Ort feststellen.

## 2.3 Arbeitsmethoden

Nach den anerkannten Regeln der Technik dürfen für die elektrotechnischen Arbeiten drei Arbeitsmethoden angewendet werden. Dabei gilt die höchste Priorität dem Arbeiten im spannungsfreien Zustand. In der Nähe spannungsführender Teile zu arbeiten, birgt ein großes Gefahrenpotential, dessen sich die Elektrofachkraft immer bewusst sein muss. Das Arbeiten unter Spannung ist dabei auf wenige Tätigkeiten und Ausnahmesituationen beschränkt. Grundsätzlich ist die verantwortliche Elektrofachkraft in Verbindung mit dem Anlagenverantwortlichen für die Auswahl der Arbeitsmethode zuständig.

### 2.3.1 Arbeiten im spannungsfreien Zustand

Werden die fünf Sicherheitsregeln eingehalten, kann im spannungsfreien Zustand gearbeitet werden. Dabei ist das „Erden und Kurzschließen" bei der Arbeit an Niederspannungsanlagen oft nicht möglich und auch nicht in allen Situationen erforderlich.

### 2.3.2 Arbeiten in der Nähe spannungführender Teile

In der Nähe spannungführender Teile wird immer dann gearbeitet, wenn die Person in die Annäherungszone gelangt. Für Spannungen unter 1.000 V bedeutet das eine Annäherung von weniger als 0,5 m mit Körperteilen oder mit Werkzeugen. Bei diesen Annäherungen darf die Gefahrenzone jedoch nicht erreicht werden. Um dies zu verhindern, sind die unter Spannung stehenden aktiven Teile abzudecken. Das Abdecken ist eine Arbeit, bei der die Gefahrenzone errichtet werden kann. Aus diesem Grund sind besondere persönliche und organisatorische Schutzmaßnahmen durchzuführen. Diese Arbeiten dürfen nur von entsprechend ausgebildeten Fachkräften durchgeführt werden. Obwohl in diesen Fällen unter Spannung gearbeitet wird, sind diese Tätigkeiten von den besonderen Anforderungen der DGUV Regel 103-011 ausgeschlossen.

### 2.3.3 Arbeiten unter Spannung (AUS)

Als Arbeiten unter Spannung gelten ausschließlich die in DGUV Regel 103-011 aufgeführten Tätigkeiten. Die in der DGUV Regel 103-011 als „Arbeiten unter Spannung (AUS)" aufgeführten Arbeiten dürfen von einer EFKffT nicht ausgeführt werden. Verschiedene Arbeiten die unter Spannung ausgeführt werden, gelten nicht als „Arbeiten unter Spannung (AUS)" im Sinne der DGUV Regel 103-011.

Die auch für eine Elektrofachkraft oftmals anstehenden Arbeiten wie
- Montagearbeiten bei der Fehlereingrenzung in Hilfsstromkreisen,
- Überbrücken von Teilstromkreisen,
- Wartungsarbeiten in Anlagen

dürfen von Elektrofachkräften für festgelegte Tätigkeiten nicht ausgeführt werden.

Darüber hinaus können Arbeiten an unter Spannung stehenden Anlagenteilen ausgeführt werden, wenn entsprechende Maßnahmen gegen Körperdurchströmung oder Lichtbögen ergriffen wurden. Diese sind auch in der DGUV Regel 103-011 beschrieben.

## 2.3.4 Besondere Arbeiten

Wie schon bei den Arbeiten zum Abdecken erwähnt, gelten nicht alle Arbeiten, die an einer unter Spannung stehenden Anlage oder einem unter Spannung stehenden Betriebsmittel ausgeführt werden, als Arbeiten unter Spannung. Folgende Tätigkeiten aus dem Arbeitsbereich der Elektrofachkraft für festgelegte Tätigkeiten fallen nicht unter diese Regel:

- Arbeiten an Anlagen, wenn sowohl die Spannung zwischen den aktiven Teilen als auch die Spannung zwischen aktiven Teilen und Erde nicht höher als 50 V AC oder 120 V DC ist (SELV oder PELV), der Kurzschlussstrom an der Arbeitsstelle höchstens 3 mA AC (Effektivwert) oder 12 mA DC, oder die Energie nicht mehr als 350 mJ beträgt oder die Stromkreise nach DIN EN 60079-14 (VDE 0165-1) [18] eigensicher errichtet sind,
- Heranführen von Spannungsprüfern und Phasenvergleichen,
- Abklopfen von Raureif mit isolierenden Stangen,
- Anspritzen unter Spannung stehender Teile bei der Brandbekämpfung,
- Abspritzen von Isolatoren in Freiluftanlagen,
- Heranführen von Prüf-, Mess- und Justiereinrichtungen bei Nennspannungen bis 1.000 V,
- Herausnehmen oder Einsetzen von nicht gegen direktes Berühren geschützten Sicherungseinsätzen,
- Arbeiten in Prüfanlagen,
- Prüfarbeiten bei der Fehlereingrenzung in Hilfsstromkreisen,
- Funktionsprüfungen an Geräten und Schaltungen, Inbetriebnahme und Erprobung.

Diese Arbeiten können auch von einer Elektrofachkraft mit entsprechender Ausbildung und entsprechenden Erfahrungen ausgeführt werden.

## 2.4 Übungsaufgaben

**Aufgabe 2.1**
Wer ist in einem Unternehmen für den regelkonformen Betrieb der elektrotechnischen Anlagen verantwortlich?

**Aufgabe 2.2**
An welche Person kann ein Unternehmer die Verantwortung delegieren, wenn in seinem Unternehmen elektrotechnische Arbeiten auszuführen sind?

**Aufgabe 2.3**
An welche Person hat sich der Arbeitsverantwortliche zu wenden, wenn er Anlagenteile der Kundenanlage zur Durchführung seines Auftrags freischalten muss?

**Aufgabe 2.4**
Wer ist in einem Unternehmen, in dem elektrotechnische Arbeiten ausgeführt werden, für die fachliche Leitung der Elektrofachkräfte zuständig?

**Aufgabe 2.5**
Wer ist für die ordnungsgemäße Durchführung der fünf Sicherheitsregeln bei der Ausführung elektrotechnischer Arbeiten verantwortlich?

**Aufgabe 2.6**
Wer ist für die Freigabe zur Arbeit verantwortlich?

**Aufgabe 2.7**
Was ist zu beachten, wenn eine Arbeit von mehr als einer Person gemeinsam ausgeführt werden soll?

# de BUCH

www.elektro.net

## BASICS

Gregor Häberle, Heinz O. Häberle

**Einführung in die Elektroinstallation**

9., neu bearbeitete und erweiterte Auflage

Gregor Häberle, Heinz O. Häberle
Einführung in
die Elektroinstallation
9., neu bearb. u. erw. Auflage 2019.
408 Seiten. Softcover. € 29,80 (D).
Fachbuch:
ISBN 978-3-8101-0471-7
E-Book/PDF:
ISBN 978-3-8101-0472-4

de FACHBUCH

Schritt für Schritt in die Grundlagen der fachgerechten Elektroinstallation. Aufgrund aktueller Änderungen in Normen und Bestimmungen wurde diese 9. Auflage neu bearbeitet und an den aktuellen Stand angepasst.

### Neu hinzugekommen in dieser 9. Auflage sind:

- Informationen über die Referenzkennzeichnung von Objekten, verbunden mit Strukturaspekten,
- Video-Türsprechanlagen,
- Lichtmanagement mit DALI,
- Gebäudeautomation mittels Digitalstrom-Komponenten,
- Smart-Home-Anlagen,
- Smart Grids sowie
- Grundlagen und Installationsausführungen zu Photovoltaik-Anlagen.

## IHRE BESTELLMÖGLICHKEITEN

- Fax: +49 (0) 89 2183-7620
- E-Mail: buchservice@huethig.de
- www.elektro.net/shop

Hier Ihr Fachbuch direkt online bestellen!

**de das elektrohandwerk**
www.elektro.net

Hüthig GmbH, Im Weiher 10, D-69121 Heidelberg,
Tel.: +49 (0) 800 2183-733

# 3 Allgemeine Tätigkeiten

**Lernziele dieses Kapitels**
In diesem Kapitel werden diejenigen Tätigkeiten beschrieben, die als Grundlage für die meisten Tätigkeiten in den Bereichen angesehen werden können, zu denen eine Elektrofachkraft für festgelegte Tätigkeiten bestellt werden kann. Die praktische Ausführung der Arbeiten, zu denen eine EFKffT bestellt werden kann, sind in Arbeitsanweisungen beschrieben. Die EFKffT hat diese Arbeiten nach den Arbeitsanweisungen auszuführen. Für einige der grundlegenden Tätigkeiten wurden Arbeitsanweisungen beispielhaft, nach den Formvorlagen aus Band 1 erstellt. Diese können vom Unternehmer nach einer Anpassung an die betrieblichen Verhältnisse übernommen werden.

## 3.1 Auswahl von Leitungen

Bei der Auswahl von Leitungen sind fünf Kriterien zur berücksichtigen:
- die Leitungsart im Hinblick auf die Verwendung,
- der Mindest-Leitungsquerschnitt im Hinblick auf die Verwendung,
- die Strombelastbarkeit im Hinblick auf den Brandschutz,
- die Abschaltbedingungen im Hinblick auf den Schutz gegen elektrischen Schlag,
- der Spannungsfall zur Sicherstellung, damit die angeschlossenen Betriebsmittel störungsfrei arbeiten.

Alle genannten Kriterien sind zu berücksichtigen. Dazu existieren für jeden Punkt separate Vorschriften in den Sicherheitsregeln, nach der Betriebssicherheitsverordnung, den TRBS, nach den Regeln der Berufsgenossenschaften sowie nach den VDE-Bestimmungen. Im vorangegangenen Kapitel wurde die Frage beantwortet, wie hoch eine Leitung abgesichert und belastet werden darf, damit sie nicht überlastet wird. In den Kapiteln über die Schutzmaßnahmen und über den Anschluss von Leitungen an Betriebsmittel werden die jeweiligen Anforderungen an die Leitungen behandelt. Im folgenden Abschnitt wird die fachgerechte Verwendung besprochen.

## 3.2 Herrichten von Leitungen zum Anschluss

### 3.2.1 Abmanteln

Das Abmanteln von Kabeln und Leitungen gehört zu den unfallträchtigsten Arbeiten im Bereich der Elektroinstallation. Werden falsche Werkzeuge verwendet, besteht absolute Verletzungsgefahr. Ein Teppichmesser ist kein Abmantelwerkzeug!
Dazu einige Sicherheitshinweise in **Tabelle 3.1**.

| Belastung/Gefährdung | Anforderungen/Maßnahmen | Quellen |
|---|---|---|
| Schnittverletzungen | Geeignete Werkzeuge zum Abmanteln zur Verfügung stellen und benutzen!<br>– möglichst Messer mit verdeckter Schneide und<br>– Kabelmessergriffe mit umlaufender Wulst gegen das Abgleiten in Richtung Klinge | DGUV Information 209-001, bisher BGI 533 – Arbeiten mit Handwerkzeugen, 13.1 Sicherheitstechnische Überlegungen [1] |
|  | Beim Einsatz von Messern mit feststehender Klinge die Nutzungsmöglichkeit von Schutzhandschuhen prüfen! |  |
|  | Messer mit offen liegender Klinge nicht im Arbeitsanzug oder in der Werkzeugtasche aufbewahren! |  |

**Tabelle 3.1** *Sicherheitshinweise zum Abmanteln*

#### 3.2.1.1 Kabelmesser mit Abmantelvorrichtung

Um die Leitungen anzuschließen, müssen diese zunächst abgemantelt werden, um die isolierten Kupferleiter freizulegen. Damit die Aderisolierungen beim Abmanteln nicht verletzt werden, sind spezielle Werkzeuge einzusetzen, zum Beispiel ein spezielles Kabelmesser mit Abmantelvorrichtung (**Bild 3.1**). Besondere Aufmerksamkeit ist der Schnitttiefe zu widmen. Die einzelnen Aderisolierungen dürfen beim Aufschneiden des Mantels nicht verletzt werden. Bei dem gezeigten Kabelmesser kann die Klingenlänge mit einer Schraube an der Unterseite des Heftes in der Schnitttiefe verändert werden.

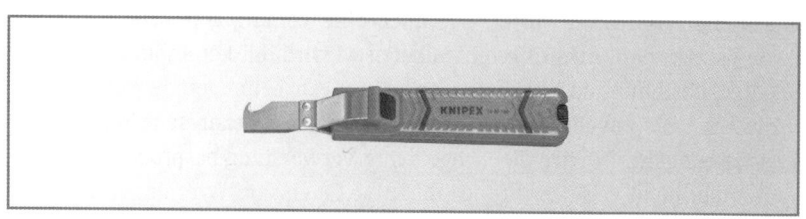

**Bild 3.1** *Abmantelwerkzeug mit Hakenklinge*

Anleitung zum Abmanteln:
1. Schritt: das Messer mit leichtem Daumendruck ansetzen,
2. Schritt: ein bis zwei Umdrehungen rund schneiden,
3. Schritt: den Längsschnitt durchführen,
3. Schritt: die Isolierung abstreifen.

Die Hakenklinge am Messer unterstützt das Abziehen des Mantels. Die Mantelreste sind als Reststoffe zu entsorgen.

### 3.2.1.2 Abmanteler

An schwer zugänglichen Stellen geht das mit dem Entmanteler in **Bild 3.2** komfortabler.

Nachdem die Sperre gelöst wurde, wird die Leitung eingelegt und der Entmanteler wieder geschlossen. Je eine Vierteldrehung nach links und nach rechts, dann lässt sich die Isolierung abstreifen.

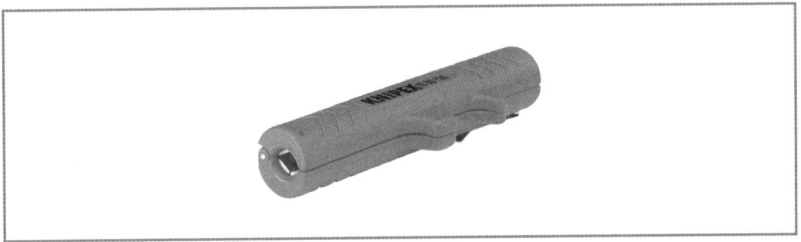

**Bild 3.2** *Entmantelwerkzeug*      Quelle: Knipex

## 3.2.2 Abisolieren

### 3.2.2.1 Abisolierzange

Beim Abisolieren wird die Aderisolierung von dem Leiter entfernt. Zum Abisolieren werden verschiedene Werkzeuge verwendet. Es stehen neben verschiedenen mechanischen Abisolierzangen auch thermische Abisolierwerkzeuge und Messer zur Verfügung. Grundsätzlich ist beim Abisolieren darauf zu achten, dass:

- die korrekte Abisolierlänge eingehalten wird, damit keine Berührungsgefahr besteht,
- die Ader nicht angeschnitten wird, damit keine mechanische Schwachstelle entsteht,
- die Ader nicht verletzt wird, damit keine Querschnittsverjüngung entsteht.

Die genannten Bedingungen lassen sich dann mit den nachfolgend gezeigten Abisolierzangen nach **Bild 3.3** und **3.4** einhalten, wenn sie richtig eingestellt sind. Andere Werkzeuge, wie Seitenschneider, Kombizangen und Messer, sollten nicht verwendet werden, weil mit diesen Werkzeugen die Gefahr der Verletzung der Ader besteht.

**So wenden Sie die Abisolierzange richtig an:**
1a  Stellen Sie den Längenanschlag auf das gewünschte Maß ein.
2a  Legen Sie den Leiter ein. Das spezielle Abtastsystem der Zange stellt sich automatisch ein.
3a  Drücken Sie die Zange einfach zu – und fertig.

Eine Abisolierzange aus Bild 3.4 wenden Sie wie nachfolgend beschrieben korrekt an:
1b  Stellen Sie den Drahtdurchmesser auf den Leiterquerschnitt ein, damit der Leiter nicht beschädigt wird.
2b  Stecken Sie den Leiter so weit in die Zange, wie er abisoliert werden soll.
3b  Drücken Sie die Zange einfach zu – und ziehen Sie die Aderisolierung ab.

Zum Ablängen von Adern setzen Sie den Seitenschneider ein.
Danach werden die einzelnen Adern mit Klemmen verbunden.

**Bild 3.3**  *Abisolierzange*

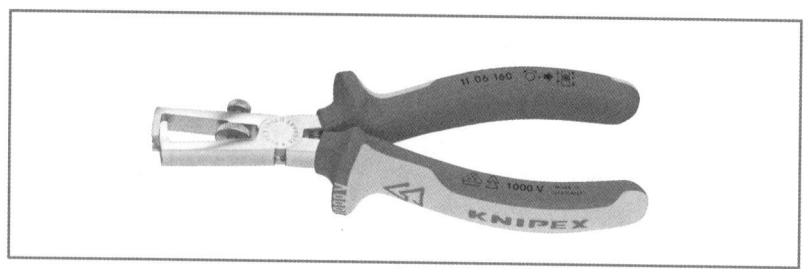

**Bild 3.4**  *Abisolierzange*

### 3.2.2.2 Ösen biegen

Werden Betriebsmittel fest montiert und angeschlossen, so ist der Anschluss oft mit einer Schraube ausgeführt. Das gilt besonders für Motoren. Normalerweise erfolgt der Anschluss in derartigen Fällen mit Hilfe von Kabelschuhen. Bei kleineren Querschnitten wird zum Anschluss jedoch oft eine Öse gebogen. Der Ablauf ist in **Bild 3.5** dargestellt. **Bild 3.6** zeigt fehlerhaft gebogene Ösen. Bei der Arbeit ist eine Flach-Rundzange (**Bild 3.7**) hilfreich.

Folgendes Werkzeug ist erforderlich:
- Kabelschere,
- Abmanteler,
- Abisolierzange und
- Rundzange.

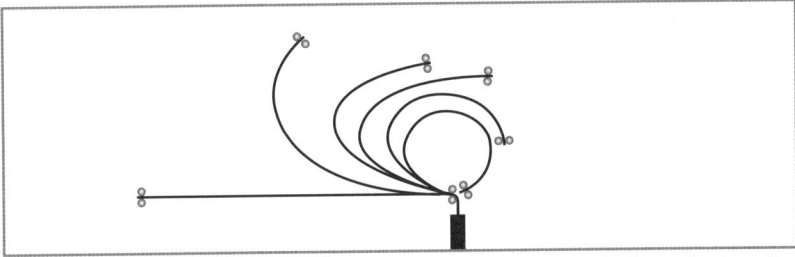

**Bild 3.5** *Phasen zum Biegen einer Öse aus Draht, abisolieren, Start festlegen, in einem Zug biegen.*

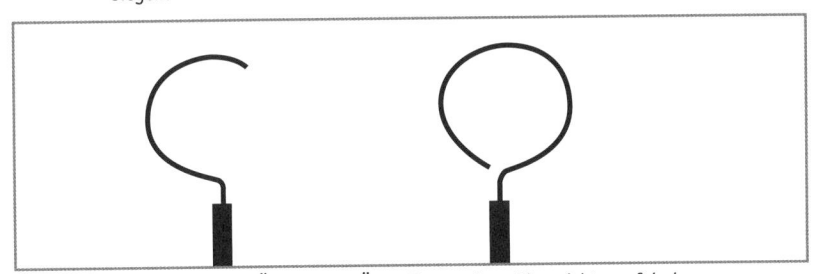

**Bild 3.6** *Falsch gebogene Ösen, links: Öse offen, rechts: Biegerichtung falsch.*

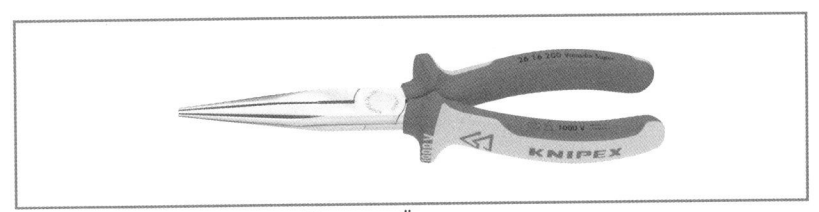

**Bild 3.7** *Flach-Rundzange zum Biegen von Ösen*

Folgende Arbeitsschritte sind erforderlich:
1. Abmessen der Abmantellänge und Abmanteln der Leitung,
2. Abmessen der Abisolierlänge und Abisolieren,
3. Festlegen des Startpunkts der Öse,
4. Ader an der Spitze anfassen und die Aderspitze in einem Zug zum Startpunkt der Öse führen,
5. Anpassen an die Schraube und eventuell Verkürzen der Aderspitze und erneutes Schließen der Öse.

Die Öse sollte ohne Pressung auf die Schraube passen und komplett unterhalb der Unterlegscheibe verschwinden.

Bei der Abisolierlänge ist zu beachten, dass die Anschlussstelle zwischen zwei Unterlegscheiben liegt. Deshalb ist die Aderisolierung etwas weiter zu entfernen, als es der Umfang der Schraube erfordert. Die Öse wird zwischen zwei Unterlegscheiben so auf die Schraube gelegt, dass sich die Öse beim Anziehen zuzieht. Die Isolierung darf auf keinen Fall eingeklemmt werden.

### 3.2.2.3 Aderendhülsen aufbringen

Flexible Leiterenden sind mit Ausnahme von einigen Federzugklemmen beim Anschluss mit Aderendhülsen zu schützen. **Bild 3.8** zeigt verschiedene Aderendhülsen. Nach dem Abmanteln der Leitung und dem Ablängen der Adern auf die passende Anschlusslänge sind folgende Arbeitsschritte erforderlich:
1. Auswahl der Aderendhülsen; dabei ist der Bemessungsquerschnitt
    der Ader und der der Aderendhülse aufeinander abzustimmen.
2. Festlegen der Abisolierlänge; dabei steckt die gesamte abisolierte Länge
    in der Aderendhülse. Die abisolierte Ader schließt vorne mit der Aderendhülse bündig ab.

**Bild 3.8** *Aderendhülsen mit und ohne Isolierkragen*

3. Abisolieren; dabei ist auf die genaue Einstellung der Abisolierzange zu achten, weil die feinen Drähte der Adern sehr schnell beschädigt werden und dann abbrechen. Das führt zu einer Querschnittsreduzierung, die unbedingt vermieden werden muss. Im Extremfall führen derartige Beschädigungen zu einem Brand.
4. Aufschieben der Aderendhülse auf die Ader. Dazu werden die einzelnen Drähte der Ader nicht zusammengedreht. Sie bleiben so liegen, wie sie unterhalb der Aderisolierung liegen. Bei Aderendhülsen verschwindet die Aderisolierung unter dem Isolierkragen.
5. Kerben der Aderendhülse mit der Kerbzange, zum Beispiel mit einer Kerbzange nach **Bild 3.9**. Dabei ist auf eine gleichmäßige Kerbung auf der gesamten Hülsenlänge zu achten.

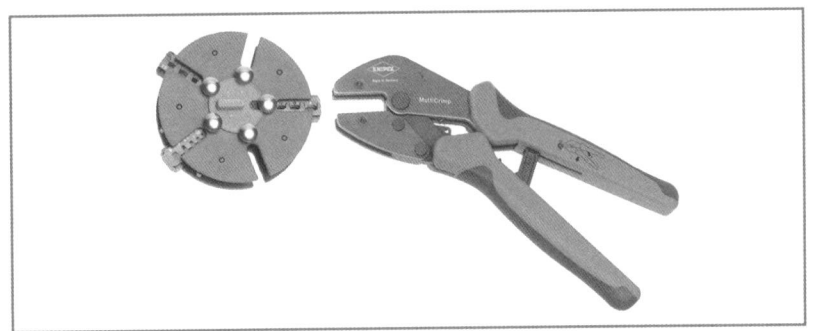

**Bild 3.9** *Beispiel einer Kerbzange*                  Quelle: Knipex

### 3.2.2.4 Kabelschuhe aufpressen

Kabelschuhe werden immer dann verwendet, wenn eine Leitung an einer Schraube befestigt werden muss.

Die Kabelschuhe sind unter Berücksichtigung des Leiterquerschnitts, des Leitermaterials und des Durchmessers der Befestigungsschraube auszuwählen. Zur Pressung sind spezielle Zangen erforderlich. Ein Beispiel zeigt **Bild 3.10**. Verschiedene Arten von Kabelschuhen sind in **Bild 3.11** gezeigt.

### 3.2.2.5 Herrichten für Federzugklemmen

Federzugklemmen finden immer häufiger Anwendung. Sie bieten eine sichere Verbindung unter allen Umweltbedingungen. Ein Nachziehen einer Verbindung ist nicht erforderlich. Federzugklemmen (**Bild 3.12**), werden als Anschluss-, Verbindungs-, und wie in **Bild 3.13** als Reihenklemmen verwendet.

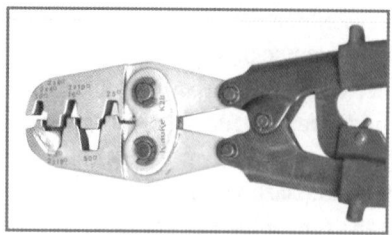

**Bild 3.10** *Kerbzange für Rohrkabelschuhe*
Quelle: Klauke

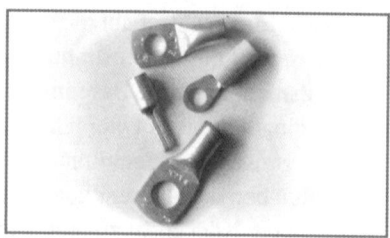

**Bild 3.11** *Sammlung verschiedener Kabelschuhe*

**Bild 3.12** *Verbindungsklemmen*

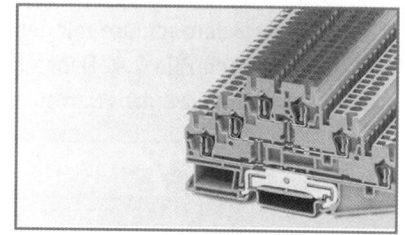

**Bild 3.13** *Reihenklemmen mit Federzugklemme*
Quelle: Phoenix-Contact

Bei der Verwendung von Federzugklemmen sind die Herstellervorschriften zu beachten. Klemmen nehmen jeweils nur eine Ader je Anschlussstelle auf.

Folgende Arbeitsfolge ist bei der Verwendung von Federzugklemmen zu beachten:

- Festlegen der Abisolierlänge nach den Vorgaben des Klemmenherstellers,
- bei Massivdrähten Einstecken der abisolierten Ader, bei flexiblen Adern Öffnen der Klemme und Einstecken der Ader,
- die Ader ist bis zum Beginn der Klemme isoliert. Es ist kein blankes Leiterstück zu sehen. Es besteht keine Gefahr der Berührung.

## 3.3 Anschließen von Betriebsmitteln

### 3.3.1 Allgemeine Anforderungen

Ortsfeste Betriebsmittel, deren Standort zum Zwecke des Anschließens, Reinigens oder dergleichen vorübergehend geändert werden muss, z. B. Herde, Waschmaschinen, Speicherheizgeräte oder Einbaueinheiten von Unterflur-Installationen in Doppelbodenplatten oder Betriebsmittel, die bei bestimmungsgemäßem Gebrauch in begrenztem Ausmaß Bewegungen ausgesetzt sind, müssen mit flexiblen Leitungen angeschlossen werden.

Ortsveränderliche Betriebsmittel müssen immer mit flexiblen Leitungen angeschlossen werden. Dies gilt nicht, wenn sie über Schleifleitungen angeschlossen werden. Betriebsmittel, die Schwingungen ausgesetzt sind, müssen ebenfalls mit flexiblen Leitungen angeschlossen werden.

Die Leitungen können über Steckvorrichtungen oder über Klemmen in ortsfesten Gehäusen, z. B. über Geräteanschlussdosen, angeschlossen werden.

Bestimmte Bauarten flexibler Leitungen dürfen nach DIN VDE 0298-3 (VDE 0298 Teil 3) [7] und DIN VDE 0298-300 (VDE 0298 Teil 300) [8] auch fest verlegt werden.

Das ist zum Beispiel die Steuerleitung H05VV5-F, die für feste Verlegung sowie für gelegentliche, nicht ständig wiederkehrende Bewegungen auch in nassen Räumen geeignet ist.

Beim Anschluss von Betriebsmitteln sind neben der Funktionsfähigkeit der Betriebsmittel, im Hinblick auf Versorgungsspannung und Absicherung gegen Kurzschluss und Überlast, auch der Schutz gegen Endringen von Feuchtigkeit an der Anschlussstelle und der Berührungsschutz sowie die mechanische Festigkeit der Verbindung zu beachten. Im Folgenden soll auf die zuletzt genannten Bedingungen eingegangen werden.

### 3.3.2 Besondere Vorschriften für Leiterquerschnitte und Leitungsarten

Für den Anschluss an Betriebsmitteln gelten Mindestquerschnitte. Diese sind von der Strombelastung und von der mechanischen Belastung abhängig. Die **Tabelle 3.2** gibt Auskunft über die erforderlichen Leiterquerschnitte für allgemeine Anwendungen.

Für bestimmte Betriebsmittel und besondere Einsatzgebiete bestehen besondere Festlegungen.

| Kabel- und Leitungsart | Anwendung | Mindestquerschnitt |
|---|---|---|
| Feste Verlegung von Kabeln, Mantelleitungen und Aderleitungen | Leistungs- und Beleuchtungsstromkreise | 1,5 mm$^2$ Cu<br>16 mm$^2$ Al |
| | Melde- und Steuerstromkreise | 0,5 mm$^2$ Cu |
| Bewegliche Verbindungen mit isolierten Leitern und Kabeln | allgemein | 0,75 mm$^2$ Cu |
| | Schutz- und Funktionskleinspannung für besondere Anwendungen | 0,75 mm$^2$ Cu |

**Tabelle 3.2** *Mindestquerschnitte für Kabel und Leitungen*

## Bedingungen für Leiterarten und Querschnitte

Leitungen an Betriebsmitteln werden je nachdem, wo das Betriebsmittel eingesetzt wird, unterschiedlich mechanisch belastet. Deshalb gelten für die Art der angeschlossenen Leitung besondere Regeln. Grundlagen dafür sind:
- die Unfallverhütungsvorschriften,
- die Installationsvorschriften nach DIN VDE 0100 [2],
- die Anwendungsvorschriften der Hersteller.

### Caravanstellplatz

Laut DIN VDE 0100-708 (VDE 0100-708) [9] sollen die Mittel zur Verbindung zwischen der Steckdose am Caravanstellplatz und dem bewohnbaren Freizeitfahrzeug wie folgt kombiniert sein:
- ein Stecker in Übereinstimmung mit DIN EN 60309-2 (VDE 0623-20) [10],
- eine flexible Leitung der Bauart H07RN-F oder gleichwertig, mit einem Schutzleiter und mit folgenden Merkmalen:
  - Länge: maximal 25 m,
  - für Bemessungsströme 16 A: Mindestquerschnitt 2,5 mm² Cu oder gleichwertig.

Laut DIN VDE 0100-711 (VDE 0100 Teil 711) [11] müssen elektrische Leiter von Kabeln/Leitungen aus Kupfer mit einem Mindestquerschnitt von 1,5 mm² ausgestattet sein.

### Leuchten für Kleinspannung

DIN VDE 0100-715 (VDE 0100-715) [12] stellt Anforderungen an den Querschnitt von Leitern in Kleinspannungsstromkreisen.

Der Mindestquerschnitt von Leitern für Kleinspannungsstromkreise muss betragen:
- 1,5 mm² Cu für die oben genannten Kabel- und Leitungsanlagen, jedoch darf für flexible Leitungen bis zu einer maximalen Länge von 3 m ein Querschnitt von 1 mm² Cu verwendet werden,
- 4 mm² Cu aus Gründen der mechanischen Festigkeit für flexible oder isolierte freihängende Leiter,
- 4 mm² Cu bei Leitungen in Gemischtbauweise, bestehend aus einem Außengeflecht aus verzinntem Kupfer mit einem inneren Kern aus einem Werkstoff hoher Zugbelastbarkeit.

### Möbel

Die Anforderungen an Leitungen in Möbeln sind in DIN 57100 Teil 724/ VDE 0100 Teil 724 [13] beschrieben.

**Für feste Verlegung gilt:**
- Mantelleitungen NYM,
- Kunststoffaderleitungen H07V-U, in nicht metallenen Installationsrohren mit der Kennzeichnung „aACF".

**Für feste und bewegliche Verlegung in Möbeln gilt:**
- flexible Schlauchleitungen mindestens H05RR-F,
- Kunststoff-Schlauchleitungen mindestens H05VV-F.

**Leiterquerschnitte in Möbeln**
- Der Leiterquerschnitt muss mindestens 1,5 mm$^2$ Cu betragen.
- Der Leiterquerschnitt darf auf 0,75 mm$^2$ Cu verringert werden, wenn die einfache Leitungslänge 10 m nicht überschreitet und keine Steckvorrichtungen zum weiteren Anschluss von Verbrauchsmitteln vorhanden sind.

**Baustellen nach DGUV Information 203-005 [14]**

Betriebsmittel, deren Verwendung auf Baustellen vorgesehen ist, werden in zwei Kategorien eingeteilt:
- Kategorie K1,
- Kategorie K2.

Geräte, die den einzelnen Kategorien zugeordnet werden, müssen bestimmte Anforderungen erfüllen.

**Anforderungen der Kategorie K1**

Elektrische Betriebsmittel der Kategorie K1 sind geeignet zur Benutzung in Industrie, Gewerbe und Landwirtschaft, z. B. in der gewerblichen Hauswirtschaft, in Hotels, Küchen, Wäschereien, an Montagebändern in der Serienfertigung für kleinere und mittlere Seriengeräte, in Laboratorien, bei der Montage, in Schlossereien, beim Werkzeugbau, in Maschinenfabriken, im Automobilbau, beim Innenausbau, bei der Fahrzeuginstandhaltung, in Fertigungsstätten, Kunststoffverarbeitung, jeweils in Innenräumen, mit Einschränkungen auch im Freien.

Die Mindestanforderungen sind:
- Schutzart: IP43, Ausnahmen: handgeführte Elektrowerkzeuge nach DIN EN 62841-1 [15],
- Schutzklasse: vorzugsweise Schutzklasse II,
- mechanische Festigkeit: Schlagprüfung alle Teile 1 Nm und Fallprüfung,
- Leitungen: H05RN-F oder mindestens gleichwertig,
- Steckvorrichtungen: Gummi oder Kunststoff.

**Anforderungen der Kategorie K2**
Elektrische Betriebsmittel der Kategorie K2 sind geeignet zur Benutzung in Räumen und Anlagen besonderer Art, z. B. in der Landwirtschaft, im Tagebau, Stahlbau, auf Baustellen, in Gießereien, bei der Großmontage, in der chemischen Industrie, bei Arbeiten unter erhöhter elektrischer Gefährdung, jeweils in Innenräumen oder im Freien. Die Einwirkungen dürfen sein: hohe mechanische Beanspruchung, Verwendung in nasser Umgebung, Korrosion, Öle, Säuren und Laugen mittel bis hoch, hohe Staubeinwirkung, auch leitfähige Stäube.

Die Mindestanforderungen sind:

- Schutzart: IP54, Ausnahmen: handgeführte Elektrowerkzeuge nach Normenreihe DIN EN 62841 [15]. Sind spritzwassergeschützte oder wasserdichte Betriebsmittel erforderlich: mindestens IPX4 bzw. IPX7,
- Leuchten IPX3, Handleuchten IPX5,
- Schutzklasse: Vorzugsweise Schutzklasse II,
- mechanische Festigkeit: Schlagprüfung alle Teile 1 Nm und Fallprüfung,
- Leitungen: H07RN-F oder mindestens gleichwertig,
- Leitungsroller müssen für erschwerte Bedingungen geeignet und nach den Festlegungen für schutzisolierte Betriebsmittel gebaut sein,
- Steckvorrichtungen: Geeignet für erschwerte Bedingungen und rauen Betrieb.

**Büros**
Auch für elektrische Anschlussleitungen in Büros existieren Mindestanforderungen.
Verlängerungs- und Anschlussleitungen: H05VV-F

### 3.3.3 Handgeführte Betriebsmittel

Für die Anschlussleitung handgeführter Betriebsmittel gelten die Mindestquerschnitte nach **Tabelle 3.3**.

| Anwendung | Querschnitt in mm² |
|---|---|
| leichte Handgeräte bis $I_n = 1$ A und $l = 2$ m | 0,1 |
| Geräte bis $I_n = 2,5$ A und $l = 2$ m | 0,75 |
| Geräte bis $I_n = 10$ A | 0,75 |
| Geräte über 10 A | 1,0 |

**Tabelle 3.3** *Handgeführte Geräte und Mindestquerschnitte*

### 3.3.4 Schutz gegen Eindringen von Feuchtigkeit und Fremdkörpern

Wird eine Leitung in ein Betriebsmittel eingeführt, so ist diese Einführungsstelle entsprechend den vorhandenen Umwelteinflüssen gegen Eindringen von Fremdkörpern und Feuchtigkeit zu schützen. Ein Berührungsschutz aktiver Teile ist darin eingeschlossen.

Um diesen Schutz zu erreichen, stehen verschiedene Varianten zur Verfügung.

Das Betriebsmittel besitzt eine Tülle, durch die die Leitung geführt werden kann.

Eine derartige Abdichtung findet sich oft bei Steckvorrichtungen. Bei der Einführung ist darauf zu achten, dass die Tülle nicht zu weit aufgeschnitten wird und die Leitung fest in der Tülle sitzt. Oft sind an derartigen Tüllen Markierungsringe angebracht, an denen sich der Monteur orientieren kann.

Das Betriebsmittel besitzt ein Gummi- oder Kunststoffgehäuse oder Gehäuseteil, das eine Vorstanzung zur Aufnahme der Leitungen besitzt. **Bild 3.14** zeigt eine Abzweigdose mit Abdichtung bis IP54.

Bei dieser Art ist es besonders wichtig, auch das richtige Werkzeug zur Ausstanzung der Öffnung zu verwenden. Keinesfalls darf hier ein Messer benutzt werden, um die Öffnung auszuschneiden. Da das Kabel gleichmäßig von der Dichtungslippe umschlossen werden muss, ist auf ein kreisrundes Öffnen zu achten. Beispiele finden sich an Betriebsmitteln der Schutzart

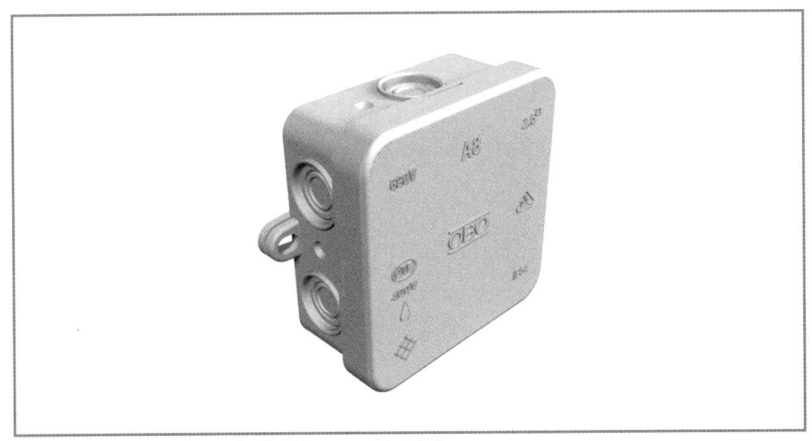

**Bild 3.14** *Abzweigdose mit Einführungen bis IP54*
Quelle: Obo-Bettermann, Menden

IP54. Ein weiteres Beispiel ist der Würgenippel oder der Einführungsstutzen wie in **Bild 3.15** gezeigt. Hier sind zwar die Öffnungen bereits vorgestanzt, es ist jedoch auch darauf zu achten, dass die Leitungsdurchmesser nicht zu klein sind und damit die Abdichtung nicht hinreichend erfolgen kann. Ein Einschneiden der Dichtungsöffnungen zur Vergrößerung der Öffnung bei Verwendung dickerer Leitungen ist dabei ebenso verboten und führt zu einem mangelhaften Arbeitsergebnis.

Für Betriebsmittel der Schutzart IP54 und höher werden Kabelverschraubungen nach **Bild 3.16** verwendet. Diese sind für einen Abdichtungsbereich hergestellt, der bei der Auswahl der Verschraubung beachtet werden muss. Nur innerhalb des Verwendungsbereichs ist eine sichere Abdichtung gewährleistet. Zur Montage wird zunächst die Leitung auf die richtige Länge abgemantelt. Danach wird die Verschraubung aufgeschoben. Es folgen ein Schutzring und das Dichtungsgummi. Dieses kann mehrlagig aufgebaut sein, sodass es auf den Manteldurchmesser angepasst werden kann. Danach folgt ein weiterer Schutzring. Nun kann das Kabel in den fest eingeschraubten Teil der Kabelverschraubung eingeführt werden. Der Mantel der Leitung ragt, abhängig von dem im Anschlussraum vorhandenen Platz um 5 mm bis 10 mm in das Betriebsmittelgehäuse hinein. Das Oberteil der Kabelverschraubung wird fest angezogen, sodass das Gummi den Kabelmantel fest umschließt und gegen eindringendes Wasser abdichtet. Zum Schluss wird die Kabelverschraubung mit Kabelkitt abgedichtet.

Bei verschiedenen Herstellern ist die Abdichtung der Kabelverschraubung mit einem besonderen Klemmring versehen und mit einer Zugentlastung verbunden.

**Bild 3.15** *Einstecknippel der auf den Außendurchmesser der Leitung zuzuschneiden ist*
Quelle: Obo-Bettermann, Menden

**Bild 3.16** *Kabelverschraubung mit Zugentlastung bis IP68*

## 3.3.5 Zugentlastung

Jede Leitung, die in ein Betriebsmittel eingeführt wird, muss gegen Zug entlastet werden. Diese Zugentlastung kann dadurch erfolgen, dass eine fest verlegte Leitung direkt in ein fest installiertes Betriebsmittel eingeführt wird. Eine Zugentlastung ist erforderlich, damit die Anschlussklemmen der Betriebsmittel keiner zusätzlichen mechanischen Belastung ausgesetzt werden. Dabei kann die Zugentlastung auf verschiedene Arten erreicht werden:

- mit einer separaten Zugentlastungsschelle,
- mit einer Zugentlastung in Verbindung mit der Abdichtung gegen Feuchtigkeit und Fremdkörper,
- mit einer Zugentlastung direkt vor der Einführung des Kabels in das Betriebsmittel.

Die Zugentlastungsschelle hat die Aufgabe, die Klemmstelle vor Zug der Leitung zu schützen. Sollte dennoch einmal diese Zugentlastung versagen, so ist es zum Schutz der Nutzer sinnvoll, dass die Leitungen so angeschlossen sind, dass der Schutzleiter beim Herausziehen der Leitung als letzter Leiter von seiner Klemme abreißt. Dazu ist er länger zu lassen als alle anderen Leiter. **Bild 3.17** zeigt die Situation mit der Zugentlastungsschelle und dem längeren Schutzleiter am Beispiel einer Geräteanschlussdose.

## 3.3.6 Leiteranschlüsse

Die Anschlüsse der Leiter in den Betriebsmitteln erfolgen entweder über Klemmen oder über Schrauben. Entsprechend der Anschlussart sind die Leiter herzurichten. Schutzleiteranschlüsse sind dabei grundsätzlich gegen Selbstlockern zu sichern. Eine Möglichkeit ist in **Bild 3.18** dargestellt. Das

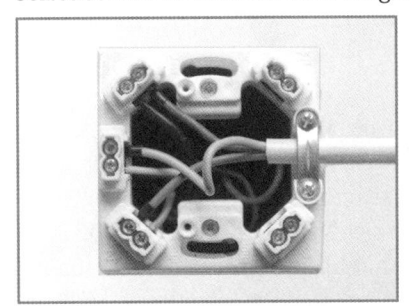

**Bild 3.17** *Anschluss einer Geräteleitung in einer Geräteanschlussdose mit Zugentlastungsschelle*

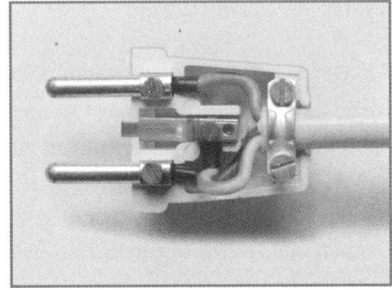

**Bild 3.18** *Schutzleiteranschluss an einem Schukostecker*

geschieht zum Beispiel durch einen Federring oder eine Zahnscheibe. Auch in Betriebsmitteln ist der Schutzleiter so anzuschließen, dass er bei Versagen der Zugentlastung zuletzt abreißt. **Bild 3.19** zeigt diese Situation.

**Bild 3.19** *Schutzleiteranschluss in einem Betriebsmittel*

## 3.4 Leiterverbindungen

Leiterverbindungen sind ausschließlich in Verteilerdosen oder in dafür vorgesehenen Klemmräumen von Betriebsmitteln erlaubt. Die Verbindungen müssen für Prüfungen der Anlage zugänglich sein. Die Verteilerdosen müssen befestigt sein und die eingeführten Leitungen gegen Zug auf die in der Verteilerdose befindlichen Klemmen entlastet sein. Die Befestigungspunkte der Leitung liegen nicht weiter als 5 cm von der Einführungsstelle entfernt. Bei Verteilerdosen in der Schutzart IP54 und höher können auch flexible Leitungen eingeführt werden, wenn eine Kabelverschraubung mit Zugentlastung verwendet wird.

### Abzweig- oder Verbindungsdosen

Abzweig- oder Verbindungsdosen, auch oft als Verteilerdosen bezeichnet, dienen dazu, Stromkreisleitungen zu verteilen. Sie sind zugänglich zu installieren. Sollten sie nicht direkt sichtbar sein, ist eine Kennzeichnung erforderlich. Das ist besonders wichtig, wenn sich Verteilerdosen in abgehängten Decken oder unter Doppelböden befinden. Auf eine örtliche Kennzeichnung kann verzichtet werden, wenn die Verteilerdosen lagerichtig in einem Revisionsplan eingetragen sind.

## 3.5 Messen elektrotechnischer Größen

Die EFKffT arbeitet nach einer Arbeitsanweisung. Nachfolgende Arbeitsanweisung wurde für die praktischen Arbeiten während der Ausbildung formuliert. Die kann entsprechend den betrieblichen Anforderungen abgewandelt auch im Unternehmen verwendet werden, in dem die EFKffT tätig wird.

### ARBEITSANWEISUNG

**Gegenstand**
Messen elektrischer Größen in der Werkstatt, beim Kunden oder im Labor.

**Geltungsbereich**
Die Arbeitsanweisung gilt für die Messung von Spannungen, Strömen und Widerständen in elektrischen Anlagen bis 1.000 V mit den zugelassenen Messgeräten.

**Feststellen des Arbeitsumfangs**
Der Arbeitsumfang ist festzustellen und die einzelnen Tätigkeiten sind mit denen der Bestellung der EFKffT abzugleichen. Arbeiten, die außerhalb des Bestellungsbereichs liegen, dürfen nicht ausgeführt werden.

**Sicherheitsmaßnahmen**
Das Messen von Strömen und Spannungen am Netz gilt grundsätzlich als Arbeiten unter Spannung, so lange bis die Spannungsfreiheit festgestellt ist.
Es dürfen nur die Messgeräte verwendet werden, die entsprechend der Messkategorie gekennzeichnet sind.
Die Arbeiten sind unter größtmöglicher Vorsicht und nur mit entsprechenden Erfahrungen durchzuführen. Die Betriebsanleitungen der Geräte sind zu beachten. Es sind ausschließlich Messspitzen zu verwenden, die gegen Abrutschen gesichert sind. Die Messleitungsspitzen müssen über einen Verletzungsschutz verfügen, der auch zum Transport eingesetzt wird. Messklemmen müssen auch an den Seiten gegen Berühren gesichert sein. Bei Strömen über 5 A sowie in Messkreisen über 50 V AC sind bevorzugt Zangenamperemeter zu verwenden.

### Arbeitsvorbereitung

- Messkreis in Abhängigkeit von der Messaufgabe spannungsfrei machen.
- Aufbau der zur Messung notwendigen Messschaltung.
- Aufbau mit der vorgesehenen Messschaltung vergleichen und gegebenenfalls korrigieren.
- Beim Anschluss des Messgerätes zuerst die Messleitungen in das Messgerät und dann in den Messkreis stecken.
- Bei Gleichspannungen ist auf die Polarität zu achten. Bei analogen Messgeräten ist der Messbereich so zu wählen, dass die Messung im oberen Drittel der Skala erfolgt.

### Spannungsmessungen

Das Messgerät wird gemäß **Bild 3.20** parallel in den Messkreis eingeschleift.

### Strommessungen

Das Messgerät wird, wie in **Bild 3.21** gezeigt, in Reihe in den Messkreis eingeschleift. Dabei kann es in Stromrichtung vor oder hinter dem Messobjekt angeordnet sein. Ein Zangenamperemeter wird um den zu messenden Leiter gelegt. Mit elektronischen Geräten können Wechselströme und auch Gleichströme gemessen werden.

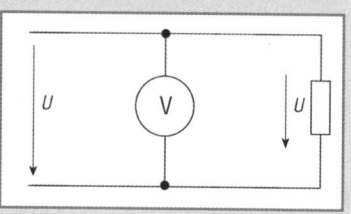

**Bild 3.20** *Spannungsmessung*

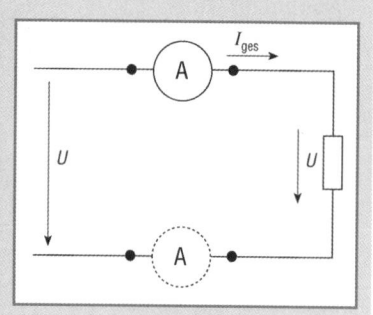

**Bild 3.21** *Strommessungen*

### Widerstandsmessungen

Vor Beginn der Widerstandsmessung ist der Messkreis spannungsfrei zu machen. Das Messobjekt ist mindestens an einer Seite abzuklemmen, um Messfehler durch die Schaltung zu verhindern.
Bei einigen Messgeräten ist das Messwerk vor Beginn der Messung zu kalibrieren. **Bild 3.22** zeigt die Schaltung beispielhaft.

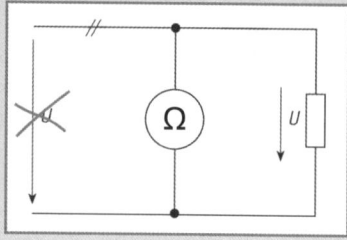

**Bild 3.22** *Widerstandsmessung*

**Durchführung der Messung**
Nachdem der Aufbau auf Richtigkeit geprüft wurde und keine Gefährdung erkennbar ist, kann das Messgerät eingeschaltet werden und die Messung durchgeführt werden:
- Ablesen der Messergebnisse,
- Messwerte notieren,
- Spannung abschalten und gegen Wiedereinschalten sichern,
- notierte Messwerte auf Plausibilität prüfen,
- wenn die Messergebnisse plausibel sind, das Gerät abschalten; Messleitung zuerst an der Schaltung und dann am Messgerät abklemmen,
- den Arbeitsplatz räumen und geöffnete Abdeckungen wieder schließen,
- die Anlage nach einer Endkontrolle wieder unter Spannung setzen.

**Prüfen der fertigen Arbeit**
Nach Abschluss der Messungen ist mit einer Sichtprüfung festzustellen, ob die Anlage sich in einem sicheren Zustand befindet.
⚠ Sind alle aktiven Teile gegen direktes Berühren geschützt?

**Dokumentation**
Die Dokumentation der Messergebnisse erfolgt bei Bedarf auf den betriebsintern festgelegten Vordrucken.

**Verantwortlichkeiten**
Die Elektrofachkraft für festgelegte Tätigkeiten ist für die normgerechte, fachgerechte und sicherheitsgerechte Ausführung der Arbeiten, für die sie bestellt ist, verantwortlich. Sie führt sie in eigener Fachverantwortung aus.

**Inkrafttreten**
Die Arbeitsanweisung tritt nach Bekanntgabe in Kraft. Sie ist gültig bis zur nächsten Überprüfung.

## 3.6 Arbeitsanweisungen für grundlegende Tätigkeiten

### 3.6.1 Auswechseln eines Schukosteckers

Um die nachfolgend beschriebene Arbeit fachgerecht ausführen zu können, müssen Kenntnisse aus folgenden Bereichen vorhanden sein:

- sicherer Umgang mit Handwerkzeug,
- Anwendung der fünf Sicherheitsregeln,
- Auswahl von geeigneten Leitungen,
- Herrichten von Leitungen und Adern,
- Zugentlastung von Leitungen,
- Abdichten von Betriebsmitteln gegen Eindringen von Wasser und Fremdkörpern,
- Durchführung von Sicherheitsprüfungen an Betriebsmitteln.

## ARBEITSANWEISUNG

### Gegenstand
Auswechseln eines Schukosteckers nach **Bild 3.23** an einem Betriebsmittel in der Werkstatt oder beim Kunden.

### Geltungsbereich
Die Arbeitsanweisung gilt für die Herstellung von Betriebsmitteln sowie für die Prüfung elektrischer Betriebsmittel für die Verwendung in Netzen bis 1.000 V mit den zugelassenen Messgeräten.

### Feststellen des Arbeitsumfangs
Der Arbeitsumfang ist festzustellen und die einzelnen Tätigkeiten sind mit denen der Bestellung der EFKffT abzugleichen. Arbeiten die außerhalb des Bestellungsbereichs liegen, dürfen nicht ausgeführt werden.

### Sicherheitsmaßnahmen
- Werkzeuge sind nach ergonomischen Gesichtspunkten und nach den Erfordernissen auszuwählen.
- Für ausreichende Beleuchtung am Arbeitsplatz ist zu sorgen.
- Die Entsorgung von Reststoffen ist zu klären.

**Bild 3.23** *Schukogummistecker*

## Arbeitsvorbereitung
Geeignetes Werkzeug gemäß Werkzeugliste zusammenstellen:
- Seitenschneider,
- Abmanteler,
- Abisolierzange,
- Kerbzange,
- Kreuzschlitzschraubendreher Gr. 2.

Notwendiges Material nach Materialliste zusammenstellen:
- Schukostecker,
- Aderendhülsen (isoliert).

## Ausführung der Arbeiten
- Überprüfen der Materialien, Betriebsmittel und Werkzeuge auf Unversehrtheit.
- Leitung spannungsfrei machen und Spannungsfreiheit sicherstellen.
- Entfernen des alten Schukosteckers.
  ⚠️ **Arbeitssicherheit**
- Je nach Zustand der Leiterenden diese mit der Kabelschere oder dem Seitenschneider abschneiden.
- Festlegen der Abmantellänge.
- Mit dem Abmanteler abmanteln.
  ⚠️ **Aderisolierung dabei nicht anschneiden.** Aktive Leiter gegenüber dem PE-Leiter etwas kürzen.
- Adern abisolieren.
  ⚠️ **Leiter dabei nicht im Querschnitt verjüngen.**
- Aderendhülsen montieren.
  ⚠️ **Mehrdrähtigen Leiter nicht verdrillen.**
  ⚠️ **Leiter schließen mit der Hülse vorne ab.**
  ⚠️ **Hülsen ganz pressen.**
  ⚠️ **Aderisolierung steckt unter der Isolierhülse.**
- Steckerabdeckung auf die Leitung schieben
- Adern mit folgender Farbreihenfolge anklemmen:
  Außenleiter = Braun,
  N = Blau,
  PE = Grün-Gelb.
  ⚠️ **Isolierung nicht beschädigen.**
  ⚠️ **Adern nicht quetschen und drücken.**
  ⚠️ **Der Schutzleiter ist so lang, dass er bei Zug als letzter abreißt.**

- Zugentlastung anbringen.
- ⚠️ Mantel nicht quetschen.
- ⚠️ Mantel schaut ca. 2 mm nach innen über die Schelle.
- Festen Sitz der Anschlüsse, richtige Anschlussreihenfolge, Lage der Adern prüfen.
- Abdeckung aufschrauben.

**Prüfen der fertigen Arbeit**
Fertige Arbeit auf die Anforderungen des Auftrags prüfen: Maßhaltigkeit, verwendete Materialien, sonstige auftragsgemäße Anforderungen. Außerdem Prüfung gemäß VDE 0701-0702:
- Sichtprüfung auch während des Fertigens und nach Fertigstellung,
- Prüfung der Durchgängigkeit des Schutzleiters, dabei Leitung bewegen,
- Prüfen des Isolationswiderstands,
- Prüfen des Ableitstroms,
- Funktionsprüfung.

**Dokumentation**
Die Dokumentation der Prüfergebnisse erfolgt bei Bedarf auf den betriebsintern festgelegten Vordrucken.

**Verantwortlichkeiten**
Die Elektrofachkraft für festgelegte Tätigkeiten ist für die normgerechte, fachgerechte und sicherheitsgerechte Ausführung der Arbeiten, für die sie bestellt ist, verantwortlich. Sie führt sie in eigener Fachverantwortung aus.

**Inkrafttreten**
Die Arbeitsanweisung tritt nach Bekanntgabe in Kraft. Sie ist gültig bis zur nächsten Überprüfung.

### 3.6.2 Auswechseln eines CEE-Steckers

Um die nachfolgend beschriebene Arbeit fachgerecht ausführen zu können, müssen Kenntnisse aus folgenden Bereichen vorhanden sein:
- sicherer Umgang mit Handwerkzeug,
- Anwendung der fünf Sicherheitsregeln,

## 3.6 Arbeitsanweisungen für grundlegende Tätigkeiten

- Grundlagenwissen über dreiphasige Wechselspannung,
- Netzsysteme von Niederspannungsnetzen,
- Auswahl von geeigneten Leitungen,
- Herrichten von Leitungen und Adern,
- Zugentlastung von Leitungen,
- Abdichten von Betriebsmitteln gegen Eindringen von Wasser und Fremdkörpern,
- Durchführung von Sicherheitsprüfungen an Betriebsmitteln.

### ARBEITSANWEISUNG

**Gegenstand**
Auswechseln eines CEE-Steckers nach **Bild 3.24** in der Werkstatt oder beim Kunden.

**Geltungsbereich**
Die Arbeitsanweisung gilt für die Änderung, Instandsetzung und Herstellung von Betriebsmitteln sowie für die Prüfung elektrischer Betriebsmittel für die Verwendung in Netzen bis 1.000 V mit den zugelassenen Messgeräten.

**Feststellen des Arbeitsumfangs**
Der Arbeitsumfang ist festzustellen und die einzelnen Tätigkeiten sind mit denen der Bestellung der EFKffT abzugleichen. Arbeiten, die außerhalb des Bestellungsbereichs liegen, dürfen nicht ausgeführt werden.

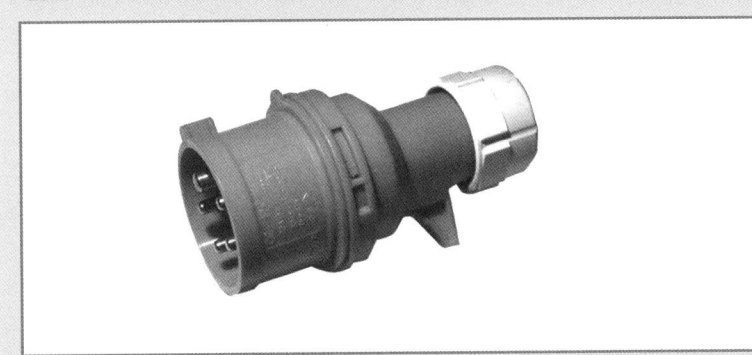

**Bild 3.24** *CEE-Stecker, fünfpolig, 16 A*
Quelle: Mennekes

### Sicherheitsmaßnahmen

- Werkzeuge sind nach ergonomischen Gesichtspunkten und nach den Erfordernissen auszuwählen.
- Für ausreichende Beleuchtung am Arbeitsplatz ist zu sorgen.
- Die Entsorgung von Reststoffen ist zu klären.

### Arbeitsvorbereitung

Geeignetes Werkzeug gemäß Werkzeugliste zusammenstellen:
- Seitenschneider,
- Abmanteler,
- Abisolierzange,
- Kerbzange,
- Kreuzschlitzschraubendreher Gr. 2.

Notwendiges Material nach Materialliste zusammenstellen:
- CEE-Stecker (nach Art des vorhandenen Steckers),
- Aderendhülsen (isoliert).

### Ausführung der Arbeiten

- Überprüfen der Materialien, Betriebsmittel und Werkzeuge auf Unversehrtheit.
- Leitung spannungsfrei machen und Spannungsfreiheit sicherstellen.
- Je nach Zustand der Leiterenden diese mit der Kabelschere oder dem Seitenschneider abschneiden.
- Abmantellänge festlegen.
- Mit dem Abmanteler abmanteln.
  - ⚠ **Aderisolierung dabei nicht anschneiden.**
- Aktive Leiter gegenüber dem PE-Leiter etwas kürzen!
- Adern abisolieren.
  - ⚠ **Mehrdrähtige Leiter dabei nicht im Querschnitt verjüngen.**
- Aderendhülsen montieren.
  - ⚠ **Mehrdrähtigen Leiter nicht verdrillen.**
  - ⚠ **Leiter schließen mit der Hülse vorne ab.**
  - ⚠ **Hülsen ganz pressen.**
  - ⚠ **Aderisolierung steckt unter der Isolierhülse.**
- Steckerabdeckung auf die Leitung schieben.
- Adern mit folgender Farbreihenfolge anklemmen:
  Außenleiter = Schwarz, Braun, Grau
  N = Blau,
  PE = Grün-Gelb

- ⚠️ Isolierung nicht beschädigen.
- ⚠️ Adern nicht quetschen und drücken.
- Zugentlastung anbringen.
- ⚠️ Kabelmantel nicht quetschen.
- Mantel schaut ca. 2 mm nach innen über die Schelle!
- Festen Sitz der Anschlüsse, richtige Anschlussreihenfolge, Lage der Adern prüfen.
- Abdeckung aufschrauben.

**Prüfen der fertigen Arbeit**
Fertige Arbeit auf die Anforderungen des Auftrags prüfen: Maßhaltigkeit, verwendete Materialien, sonstige auftragsgemäße Anforderungen.
Außerdem Prüfung gemäß VDE 0701-0702 [3]:
- Sichtprüfung auch während des Fertigens und nach Fertigstellung,
- Durchgängigkeit des Schutzleiters, dabei Leitung bewegen,
- Isolationswiderstand,
- Schutzleiterstrom,
- Funktionsprüfung.
- ⚠️ Drehfeldüberprüfung nicht vergessen

**Dokumentation**
Die Prüfergebnisse werden bei Bedarf auf den betriebsintern festgelegten Vordrucken dokumentiert.

**Verantwortlichkeiten**
Die Elektrofachkraft für festgelegte Tätigkeiten ist für die normgerechte, fachgerechte und sicherheitsgerechte Ausführung der Arbeiten, für die sie bestellt ist, verantwortlich. Sie führt sie in eigener Fachverantwortung aus.

**Inkrafttreten**
Die Arbeitsanweisung tritt nach Bekanntgabe in Kraft. Sie ist gültig bis zur nächsten Überprüfung.

### 3.6.3 Prüfung der fertigen Arbeit

Grundsätzlich ist jede elektrotechnische Arbeit mit einer Prüfung der elektrischen Sicherheit abzuschließen. Diese Prüfung ist zu dokumentieren. Dem Kunden ist die Dokumentation der Prüfung zu übergeben.

#### 3.6.3.1 Allgemeines Prinzip der Prüfung

- Besichtigung
- Schutzleiterdurchgang
- Isolationsfähigkeit
- Funktionsprüfung
- Auswertung
- Dokumentation

Die für die Prüfung erforderlichen Messungen dürfen ausschließlich mit Messgeräten erfolgen, die dazu geeignet sind. Das sind Messgeräte, die eine Aufschrift mit dem Hinweis auf DIN VDE 0701-0702 oder VDE 0413 haben und die Messungen an Betriebsmitteln ermöglichen. Einfache Multimeter eignen sich nicht dazu.

Auch an die Qualifikation der Prüfer sind Anforderungen gestellt. Der Prüfer für Betriebsmittel, die im Geltungsbereich des Arbeitsschutzgesetzes eingesetzt werden, muss „befähigte Person" nach der TRBS 1203 sein. Der Prüfer für Betriebsmittel, die außerhalb des Geltungsbereichs der Arbeitsschutzgesetzgebung eingesetzt werden, muss die Qualifikation einer Elektrofachkraft oder einer Elektrofachkraft für festgelegte Tätigkeiten mit der Bestellung zur Prüfung derartiger Betriebsmittel besitzen.

#### 3.6.3.2 Sichtprüfung allgemein

Die Sichtprüfung umfasst die Prüfung der Unversehrtheit des Gehäuses und des Originalzustands des Betriebsmittels. Alle Funktionen des normalen Betriebs müssen gemäß den Herstellervorgaben und der Bedienungsanleitung im Originalzustand und sicher bedienbar sein. Das Betriebsmittel wird nicht geöffnet.

Besonderes Augenmerk ist zu richten auf:
- Risse am Gehäuse,
- abgebrochene Gehäuseteile,
- fehlende Teile,
- fehlende Schutzabdeckungen,
- Schmorstellen am Gehäuse,
- Zustand der Isolierungen,
- Vorhandensein des Leistungsschilds.

Auch solche erkennbaren Mängel, die zu einer mechanischen Gefährdung oder Brandgefahr führen können, müssen erkannt und bewertet werden.

### 3.6.3.3 Sichtprüfung der Anschlussleitung

Der Anschlussleitung ist ein besonderes Augenmerk zu widmen. Der gesamte Verlauf darf keine Beschädigung aufweisen. Die Knickschutztüllen sind zu prüfen und die Zugentlastungen durch moderaten Zug zu prüfen. Schmorstellen an den Steckerkontakten weisen auf unregelmäßige Betriebszustände hin und sind bei der späteren Untersuchung zu berücksichtigen.

### 3.6.3.4 Schutzleiterwiderstand

Die Feststellung des Durchgangs der Schutzleiterverbindung soll die Funktionsfähigkeit der Schutzmaßnahme bei Betriebsmitteln der Schutzklasse 1 garantieren. Hierzu
- das Betriebsmittel nicht auseinander schrauben,
- die Anschlussleitung bei der Messung bewegen,
- die Knickstellen an den Enden der Knickschutztüllen bewegen,

damit Leiterbrüche festgestellt werden können.
Die Messgerätehersteller verwenden unterschiedliche Kennzeichnungen. Oftmals sind die Bezeichnung $R_{low}$ oder $R_{SL}$ zu finden.

> **Grenzwert:**
> Der Schutzleiterwiderstand darf bei maximal 5 m Leitungslänge nicht größer als 0,3 Ω sein. Ist die Leitung länger, dürfen 0,1 Ω je 7,5 m Leitungslänge hinzugerechnet werden. Der Schutzleiterwiderstand darf jedoch auch bei längeren Leitungen maximal nur 1 Ω betragen.

Die Anzeige des Messgeräts ist vor der Messung auf Null zu stellen (kalibrieren) oder der Widerstandswert der Messleitungen ist von dem Messwert abzuziehen.

### 3.6.3.5 Isolationsfähigkeit

Die Isolationsfähigkeit soll zeigen, dass der fließende Strom nicht über das Gehäuse oder über den Schutzleiter abfließen kann. Hierzu sind auch mögliche Überschläge bei Betriebsmitteln mit höherer Spannung als der Bemessungsspannung zu berücksichtigen. Die Verfahren zur Feststellung des Isoliervermögens sind stark abhängig von der Bauart der Betriebsmittel und der Montage. Für die Verlängerungsleitung eignet sich die
- Isolationswiderstandsmessung und die
- Ersatz-Ableitstrommessung.

**Messung des Isolationswiderstands**
Bei der Messung sind die aktiven Leiter miteinander verbunden. Die Messspannung liegt dann nur zwischen dem Gehäuse und den aktiven Leitern. Diese Messung führt nicht zur Zerstörung der Betriebsmittel. Besondere Hinweise der Hersteller sind jedoch zu beachten.
**Einstellung des Messgerätes:**
Die Messgerätehersteller verwenden unterschiedliche Kennzeichnungen. Oftmals ist die Bezeichnung $R_{iso}$ zu finden.

> **Grenzwert:**
> Der Isolationswiderstand darf einen Wert von 2,0 MΩ (bei Betriebsmitteln der Schutzklasse 1 einen Wert von 1 MΩ) nicht unterschreiten. Dabei ist zu beachten, dass der tatsächlich vorkommende Wert erheblich höher liegt. Der Messwert ist danach zu bewerten. Zeigt das Messgerät einen Wert unterhalb der Überschreitung des Grenzwertes von 20 MΩ an, ist dieser Wert zu beurteilen.

**Messung des Schutzleiterstromes**
In Abhängigkeit vom Gerätetyp sind verschiedene Messungen möglich.

Die Ersatzableitstrommessung ist die Standardmessung, die bei den meisten Betriebsmitteln angewendet werden kann. Sind Betriebsmittel nur im eingeschalteten Zustand im Inneren zugänglich (zum Beispiel relaisgesteuerte Geräte), so ist die Differenzstrommessung anzuwenden, wenn das Betriebsmittel sich nicht isolieren lässt oder es ist bei isoliert stehenden Betriebsmitteln eine Schutzleiterstrommessung durchführbar. Dabei wird das Gerät an die Versorgungsspannung angeschlossen und in Betrieb gesetzt.

> **Grenzwert:**
> Der Ersatzableitstrom darf bei diesen Betriebsmitteln einen Wert von 3,5 mA nicht überschreiten.

### 3.6.3.6 Berührungsstrom

Weist ein Betriebsmittel der Schutzklasse 1 leitfähige Teile, die berührbar und nicht mit dem Schutzleiter verbunden sind (Messung des Schutzleiterwiderstands > als der zulässige Wert), so ist eine Berührungsstrommessung an diesen Teilen auszuführen. Das gleiche gilt für Betriebsmittel der Schutzklasse 2, an denen berührbare metallische Teile vorhanden sind. Die Verlängerungsleitung besitzt keine derartigen Teile. Diese Messung entfällt somit.

### 3.6.3.7 Aufschriften

Sind alle Aufschriften auf dem Betriebsmittel vorhanden, die den gefahrlosen Betrieb sicherstellen? Hier ist der Vergleich mit dem Neuzustand erforderlich. Es ist also zu prüfen, ob die Aufschriften denen entsprechen, die auf dem Neugerät vorhanden waren. Sind alle Aufschriften lesbar?

### 3.6.3.8 Funktionsprüfung

Die Funktionsprüfung zeigt die Funktion der Sicherheitseinrichtungen und die Gesamtfunktion. Sie ist bei einigen Betriebsmitteln im Zusammenhang mit einer Werkstattüberprüfung nicht möglich. Ein Belastungstest ist jedoch sinnvoll. Bei der Funktionsprüfung sind ebenfalls die Schalteinrichtungen und die Sicherheitseinrichtungen auf korrekte Funktion zu prüfen.
Durchführung der Prüfung:
1. Spannungsmessung an der Kupplung,
2. Versorgung eines anderen Betriebsmittels mit der Leitung und Funktionsprüfung.

### 3.6.3.9 Stromaufnahme

Die Stromaufnahme und der Vergleich der aufgenommenen Leistungen mit den Angaben auf dem Leistungsschild unterstützt die Beurteilung der Funktionsfähigkeit. Da dieses Betriebsmittel keine Leistung umsetzt, ist die Messung der Stromaufnahme nicht möglich.

### 3.6.3.10 Verwendetes Messgerät

Hier sind der Hersteller und der Typ des verwendeten Messgerätes einzutragen.

### 3.6.3.11 Zusammenfassung

Die Prüfung ist in geeigneter Form zu dokumentieren. Dazu gehört auch die Dokumentation des verwendeten Messgerätes, damit die Prüfergebnisse nachvollziehbar werden. Das Protokoll ist dem Kunden zur Verfügung zu stellen.

Der Prüfer unterschreibt das Prüfprotokoll (Prüfprotokoll 1 im Kapitel „Prüfprotokolle"), sofern er diese Arbeiten eigenverantwortlich durchführen darf. Sonst unterschreibt die aufsichtführende, verantwortliche Elektrofachkraft das Protokoll.

Die Dokumentation ist mindestens bis zur nächsten Wiederholungsprüfung aufzubewahren. Die Instandsetzung eines Betriebsmittels ist nicht Aufgabe des Prüfers. Die Instandsetzung eines Betriebsmittels, das die Sicherheitsanforderungen nicht erfüllt, darf ausschließlich von einer Fachkraft vorgenommen werden, die dazu befähigt oder bestellt ist. Sie darf auch von einer elektrotechnisch unterwiesenen Person (EUP) durchgeführt werden, die unter Leitung und Aufsicht einer Elektrofachkraft tätig wird. Die Elektrofachkraft für festgelegte Tätigkeiten (EFKffT) ist für die nicht bestellten Aufgaben als eine EUP anzusehen.

## 3.7 Prüfen der vom Kunden bereitgestellten elektrischen Energieversorgung

Wird vom Kunden eine Spannungsversorgung bereitgestellt, so ist diese aus Sicherheitsgründen auf die Funktionsfähigkeit im Hinblick auf die Funktionsfähigkeit der Maßnahmen zum Schutz gegen elektrischen Schlag zu überprüfen. Dies geschieht mit dem Verfahren nach DIN VDE 0100-600 [16].

Dazu erfolgt zunächst eine Sichtprüfung des Anlagenteils, an dem das Betriebsmittel angeschlossen werden soll. Danach werden Messungen durchgeführt, die sicherstellen, dass die Schutzmaßnahmen gegen elektrischen Schlag im Normalfall und im Fehlerfall vorhanden sind und funktionieren.

Dabei erfordern die verschiedenen Netzsysteme unterschiedliche Messungen.

Diese sind im Abschnitt 7 „Prüfen der Schutzmaßnahme" beschrieben. Grundsätzlich sollte das Ergebnis der Überprüfung dokumentiert werden.

### 3.7.1 Arbeitsanweisung zum Prüfen der Versorgung

**ARBEITSANWEISUNG**

**Gegenstand**
Prüfen der vom Kunden bereitgestellten Spannungsversorgung.

**Geltungsbereich**
Bei Anschlussarbeiten von Betriebsmitteln an ein vorhandenes Spannungsversorgungsnetz ist die elektrische Sicherheit des Versorgungssystems festzustellen. Dies geschieht durch Besichtigung und Messung.

## Anzuwendende Sicherheitsregeln
- TRBS 1203 [17]
- DGUV Vorschrift 3 [18]
- Auswahl der Messgeräte und Werkzeuge zur Arbeit unter Spannung.
- Bedienungsanleitung der Messgeräte.

## Feststellen des Arbeitsumfangs
Der Arbeitsumfang ist festzustellen und die einzelnen Tätigkeiten sind mit denen der Bestellung abzugleichen. Arbeiten, die außerhalb des Bestellungsbereichs liegen, dürfen nicht oder nur unter Leitung und Aufsicht einer Elektrofachkraft ausgeführt werden.

## Sichtprüfungen
Überprüfung der vom Elektroinstallateur verlegten Zuleitung:
- Art und Größe der vorgeschalteten Schutzeinrichtung gegen Kurzschluss und Überlast,
- Art und Kenndaten der Schutzeinrichtung gegen elektrischen Schlag, wenn diese von der vorgenannten Schutzeinrichtung abweichend ist,
- Vergleich der erforderlichen Schutzeinrichtung mit den vorhandenen Schutzeinrichtungen und der Dokumentation,
- Vergleich der vorhandenen Schutzeinrichtung gegen Überlast mit der Belastbarkeit der Leitung,
- Sichtkontrolle des Potentialausgleiches:
  ⚠ Sind alle PA-Leitungen fest angeschlossen?
- Liegen die Erdungsschellen fest an den Rohren an?
  ⚠ Alle Leitungen, die man nicht auf der gesamten Länge sehen kann, müssen gemessen werden.

## Messungen
Messung der niederohmigen Verbindung des Schutzleiters und Vergleich mit den möglichen Werten:
- Messgerät gemäß Bedienungsanleitung einstellen,
- Anschlusspunkt zur Messung suchen und Messleitung anschließen,
- Messleitungen kompensieren,
- Messleitung an den PE-Leiter der Messstelle anschließen,
- Messung durchführen,
- Messergebnis dokumentieren,

- Leitungslänge ermitteln, möglichen ohmschen Widerstand aus der Leitungslänge festlegen,
- Werte auf Plausibilität überprüfen.

**Wenn kein Fehlerstromschutzschalter vorhanden ist**
Messen der Schleifenimpedanz und Überprüfung der Funktion der Schutzmaßnahme gegen elektrischen Schlag im Fehlerfall im TN-System:
- Spannungsversorgung einschalten,
- Messgerätewahlschalter gemäß Bedienungsanleitung einstellen,
- Messleitungen an das Messgerät und an L, N, und PE der Anlage anschließen,
- Messvorgang auslösen,
- Größe und Charakteristik der Schutzeinrichtung feststellen,
- Prüfen, ob die Schutzeinrichtung richtig auslöst.

**Wenn ein Fehlerstromschutzschalter vorhanden ist**
Messen der Auslösedaten der Fehlerstrom-Schutzeinrichtung und Feststellen der Funktion:
- Spannung einschalten,
- Messgerätewahlschalter gemäß Bedienungsanleitung des Messgerätes auf „Fehlerstrom-Prüfen" stellen,
- Parameter einstellen: Bemessungsdifferenzstrom, Auslösecharakteristik, Phasenlage,
- Messleitungen an das Messgerät und an L, N, und PE der Anlage anschließen,
- Messvorgang auslösen und nach Auslösung des Fehlerstromschutzschalters: Berührungsspannung $U_B$, bei Anliegen des Bemessungsdifferenzstromes $I_{\Delta N}$ und der Größe des Erdübergangswiderstands des Anlagenerders $R_A$ oder des Gesamterdungswiderstandes des Schutzleitersystems dokumentieren.

### Funktionsprüfung
Bei Bedarf den Spannungsfall prüfen. Die Funktion anhand der vorhandenen Versorgungsspannung durch Messung prüfen.

### Dokumentation
Die Dokumentation erfolgt auf den betriebsintern festgelegten Vordrucken (siehe hierzu Prüfprotokoll 2 und Prüfprotokoll 3 im Kapitel „Prüfprotokolle"). Die Dokumentation ist vom Kunden zu bestätigen.

**Verantwortlichkeiten**
Die Elektrofachkraft für festgelegte Tätigkeiten ist für die normengerechte, fachgerechte und sicherheitsgerechte Ausführung der Arbeiten, für die sie bestellt ist, verantwortlich. Sie führt diese in eigener Fachverantwortung aus.

**Inkrafttreten**
Die Betriebsanweisung tritt nach Bekanntgabe in Kraft. Sie ist gültig bis zur nächsten Überprüfung.

### 3.7.2 Hinweise zur Durchführung der Prüfungen

#### 3.7.2.1 Besichtigen
Die Besichtigung eines ausgewechselten Betriebsmittels, das nach einer Instandsetzung wieder installiert wird, oder ein Betriebsmittel, das neu in eine Anlage installiert wird, erfordert unterschiedliche, der Gegebenheit angepasste Punkte. Mit diesen sind die nachfolgenden Hinweise zu ergänzen.

Durch Besichtigung soll festgestellt werden, ob die Anlagenteile sowie deren Eigenschaften, die zur elektrischen Sicherheit beitragen, den generellen Sicherheitsanforderungen entsprechen.

Die Hauptstichpunkte sind:
- Abdichtung gegen Wasser und Staub (Schutzart IPxx),
- Auswahl der Schutz und Trenneinrichtungen Schutzeinrichtung < 16 A,
- Befestigung der Leitungen bei Auf-Putz-Installation,
- Belastbarkeit der Leiter (Mindestquerschnitt 1,5 mm$^2$),
- Kennzeichnung der Leiter, Klemmen usw.,
- Kennzeichnung der Neutral- und Schutzleiter
  (Farben nicht verwechselt?),
- Zugang für Wartungsarbeiten.

**Besondere Anmerkung zu Schaltplänen**
Hier ist es wichtig, den genauen Aufbau des Stromkreises zu kennen. Ist die Steckdose geschleift? Sind weitere Steckdosen oder Leuchten in demselben Stromkreis? Die Prüfung ist auf alle in Energieflussrichtung nachfolgenden Stromkreisteile auszudehnen.

### 3.7.2.2 Erproben und Messen

Durch Erproben und Messen soll festgestellt werden, ob die Anlage ordnungsgemäß funktioniert. Dazu gehören:

- Durchgängigkeit des Schutzleiters und die Verbindung zum HPA und des zusätzlichen PA,
- Isolationswiderstand,
- Schutz durch automatische Abschaltung,
- Funktionsprüfung.

**Niederohmige Verbindung des Schutzleiters**
Alle Verbindungen sind auf Durchgängigkeit zu prüfen.

Bei der Widerstandsmessung können Korrosionsströme die Messung beeinflussen. Nach Umschaltung der Polarität der Messspannung werden unterschiedliche Werte angezeigt.

Bei der Messung von Betriebsmitteln, die fest mit einem leitfähigen Teil mit dem Potentialausgleich verbunden sind, ist eine Messung der Schutzleiterverbindung oft nur parallel zur leitfähigen Verbindung möglich. Der Schutzleiter kann in diesem Fall separat gemessen werden. Nach dem Anklemmen kann eine Sichtprüfung die Klemmstelle beurteilen.

Die Durchgängigkeit zum Beispiel eines Potentialausgleichs kann auch mittels Sichtprüfung erfolgen, wenn der gesamte Leitungsverlauf und die Klemmstellen einsehbar sind.

> **Grenzwert:**
> Der Grenzwert hängt von der Leiterlänge und dem Querschnitt der Zuleitung ab. Eine Bewertung ist nach Berechnung des Leiterwiderstands und Vergleich mit dem Messwert möglich.

Vor der Messung sind die Messleitungen zu kalibrieren oder der Widerstand der Messleitungen zu dokumentieren und später vom Messwert abzuziehen.

Bei der Messung ist den Übergangswiderständen an den Messstellen größte Aufmerksamkeit zu widmen.

**Isolationswiderstandsmessung**
Bei der Isolationswiderstandsmessung dürfen die aktiven Leiter miteinander verbunden werden. Das ist insbesondere bei der Prüfung von elektronischen Systemen empfehlenswert, damit diese keine zu hohen Längsspannungen erhalten. Der Neutralleiter des Stromkreises ist an der Verteilung zu trennen.

Grundsätzlich sollten alle Betriebsmittel im Endstromkreisbereich aus den Steckdosen entfernt werden. Sie könnten zu einer Verfälschung des Messergebnisses führen.

### Grenzwerte

| Nennspannung des Stromkreises | Zu verwendende Messgleichsspannung | Isolationswiderstand |
|---|---|---|
| bis 500 V (einschließlich FELV), außer in obigen Fällen | 500 V DC | 1 MΩ |

Sollten Hersteller besondere Anweisungen zur Prüfung der Betriebsmittel haben, so sind diese zu berücksichtigen.

### Messungen im TT- oder TN-System mit Fehlerstrom-Schutzeinrichtung

Die Kennwerte des Fehlerstromschutzschalters sind vom Typenschild zu übernehmen. Das gilt auch für Kennzeichnungen der Stromart. Das Messgerät ist entsprechend einzustellen.

Der Nachweis der Funktionsfähigkeit der Schutzmaßnahme erfolgt durch Messung. Dabei zeigt sich, dass die Fehlerstrom-Schutzeinrichtung bei Werten kleiner oder gleich dem Bemessungsdifferenzstrom abschaltet und dabei die maximale Berührungsspannung $U_B$ nicht überschritten wird.

### Messungen im TN-System mit Abschaltung durch Überstromschutzeinrichtungen

#### Schleifenimpedanz/Kurzschlussstrom

Die Werte sind mit einem Messgerät zu ermitteln. Üblicherweise werden bei der Messung mit modernen Geräten beide Werte angezeigt. Die Messung erfolgt zwischen dem Außenleiter und dem PE-Leiter.

#### Abschaltstrom 0,4 s und 5 s

Die gemessenen Werte der Schleifenimpedanz und des Kurzschlussstromes sind auf den Anschaltstrom der Schutzeinrichtung zu beziehen.

Wenn der Abschaltstrom der Schutzeinrichtung kleiner als 2/3 des vom Messgerät angezeigten Kurzschlussstromes ist, ist die Abschaltbedingung eingehalten.

### Grenzwerte

| Vorgeschaltete Schutzeinrichtung | maximaler Messwert |
|---|---|
| Leitungsschutzschalter 16 A | < 1,9 Ω |
| Schmelzsicherung 16 A | < 1,4 Ω |

### 3.7.2.3 Funktionsprüfung

Für die Funktionsprüfung an der Steckdose ist die Feststellung der Spannung hinreichend.

### 3.7.2.4 Dokumentation

Die Prüfung ist in den vorliegenden Prüfprotokollen (siehe Kapitel „Prüfprotokolle") zu dokumentieren. Dazu gehört auch die Festlegung des verwendeten Messgerätes, damit die Prüfergebnisse nachvollziehbar werden. Die Dokumentation der Prüfung ist dem Kunden auszuhändigen.

Die Dokumentation ist mindestens bis zur nächsten Wiederholungsprüfung aufzubewahren.

## 3.8 Übungsaufgaben

**Aufgabe 3.1**
Welches Kennzeichen muss ein Werkzeug für Arbeiten an unter Spannung stehenden Teilen tragen?

**Aufgabe 3.2**
Erklären Sie die beiden Begriffe „Abmanteln" und „Abisolieren".

**Aufgabe 3.3**
Welche Maßnahmen sind zur Vermeidung von Schnittverletzungen beim Abmanteln von Leitungen zu treffen? Nennen Sie beispielhaft zwei Maßnahmen.

**Aufgabe 3.4**
Nennen Sie die Punkte, die zu beachten sind, wenn eine flexible Ader mit einer Aderendhülse versehen werden soll.

**Aufgabe 3.5**
Was müssen Sie besonders beachten, wenn Sie mehrdrähtige Leiter an Federzugklemmen klemmen?

**Aufgabe 3.6**
Nennen Sie zwei Regelwerke, aus denen Vorgaben für die Art und Dimension für Leitungen zu entnehmen sind.

## 3.8 Übungsaufgaben

**Aufgabe 3.7**
Welchen Leitungsquerschnitt verwenden Sie bei der Verkabelung einer Kleinspannungsleuchte, wenn diese fest verlegt wird und kürzer als 3 m ist?

**Aufgabe 3.8**
Welche Leitung verwenden Sie, wenn Sie Leitungen in Möbeln zur Versorgung von Leuchten und einer Schukosteckdose verlegen müssen?

**Aufgabe 3.9**
Welcher Leitungstyp ist auf Baustellen für Leitungsroller und Verlängerungsleitungen vorgeschrieben?

**Aufgabe 3.10**
Die Schutzartkennzeichnung IPxyz setzt sich aus zwei Schutzgraden und einem weiteren Buchstaben zusammen. Was bedeuten diese?

**Aufgabe 3.11**
Beschreiben Sie, wie ein Voltmeter in einen Stromkreis eingeschleift werden muss, damit die Spannung gemessen werden kann.

**Aufgabe 3.12**
Was müssen Sie beachten, wenn Sie einen Widerstand messen wollen?

**Aufgabe 3.13**
Welches Messgerät sollten Sie bei der Messung von Strömen verwenden, um die Messung möglichst gefahrlos durchführen zu können?

**Aufgabe 3.14**
Welche Einzelschritte sind zur Prüfung eines Betriebsmittels nach einer Instandsetzung erforderlich?

**Aufgabe 3.15**
Welche Prüfungen sind erforderlich, wenn die Funktion der Schutzmaßnahme an einer Steckdose im TN-System nachgewiesen werden muss, für die zur Abschaltung ein Leitungsschutzschalter vom Typ 16A/B installiert ist?

# de das elektrohandwerk
www.elektro.net

MAGAZIN  BUCH  DIGITAL  VERANSTALTUNG

## Fachbücher, E-Books, Apps, WissensFächer für das Elektrohandwerk und de-Abonnement

## Das volle Programm rund um die Uhr online bestellen: www.elektro.net/shop

**Ihre Bestellmöglichkeiten auf einen Blick:**

Hier Ihr Fachbuch direkt online bestellen!

Fax:
+49 (0) 6221 489-443

E-Mail:
buchservice@huethig.de

www.elektro.net/shop

**Gleich im Buch-Shop bestellen:**
elektro.net/shop

Hüthig GmbH,
Im Weiher 10,
D-69121 Heidelberg,
Tel.: +49 (0) 800 2183-333

# 4 Beispielhafte Tätigkeiten SHK-Handwerk

**Lernziele dieses Kapitels**
Sie lernen, die elektrischen Betriebsmittel, wie Heizkessel, Lüftungsanlagen sowie dazugehörige Betriebsmittel fachgerecht anzuschließen. Sie lernen dabei die verschiedenen Anschlussvarianten kennen. Ebenso lernen Sie, wie Sie die notwendigen Prüfungen durchführen die zum Abschluss einer elektrotechnischen Arbeit erforderlich sind um den sicheren Zustand der Anlage, der Maschine oder des Betriebsmittels zu gewährleisten.

## 4.1 Besondere Gefahren im Arbeitsbereich

Die Tätigkeit im Bereich von Heizungs- und Lüftungsanlagen birgt besondere Gefahren. Aus diesem Grund soll auf einige Regelwerke hingewiesen werden, die diese Hinweise auf sichere Arbeitsausführung geben:
- DGUV Information 203-004 Einsatz von elektrischen Betriebsmitteln bei erhöhter elektrischer Gefährdung [19],
- DGUV Information 203-006 Auswahl elektrischer Betriebsmittel auf Bau- und Montagestellen [20],
- BGI 751-3 Praxishilfe für Unternehmer – Heizung, Klima, Lüftung [21],
- Hygiene bei Lüftungsanlagen (Luftwäscher).

## 4.2 Installationsnormen für Heizungs- und Lüftungsanlagen

Neben den Regelwerken aus dem Bereich der Heizungs- und Lüftungstechnik gelten bei der Installation von Heizungs- und Lüftungsanlagen auch elektrotechnische Regelwerke. Diese beziehen sich auf die Errichtung wie auf den Betrieb der Anlagen.

### 4.2.1 Begriffe

**Bemessungsspannung:** der Effektivwert der Spannung (bei Drehwechselspannung die verkettete Spannung, Leiterspannung), die vom Hersteller dem Gerät zugeordnet ist.

**Nennaufnahme:** Leistungsaufnahme bei angemessener Wärmeableitung oder Normallast und bei sachgemäßer Betriebstemperatur, die vom Hersteller dem Gerät zugeordnet wurde.

**Bemessungsstrom:** der vom Hersteller dem Gerät zugeordnete Strom

**Gerät der Schutzklasse 1:** Gerät, bei dem der Schutz gegen elektrischen Schlag nicht nur von der Basisisolierung abhängt, sondern bei dem es eine zusätzliche Schutzmaßnahme durch die Verbindung berührbarer leitender Teile mit dem Schutzleiter der fest verlegten Leitungen gibt, sodass sie im Falle eines Versagens der Basisisolierung keine gefährliche Berührungsspannung annehmen können.

**Netzanschlussleitung:** flexible Leitung zur Stromversorgung, die nach Anbringungsart X an dem Gerät befestigt oder mit ihm verbunden ist.

**Anbringungsart X.:** Die Anschlussleitung kann ohne Spezialwerkzeug durch eine andere ersetzt werden, ohne dass diese besonders zugerichtet werden muss.

**Geräteanschlussdosen:** Geräteanschlussdose nach DIN VDE 0606 Teil 1 [22] werden zum festen Anschluss von Verbrauchsmitteln über bewegliche Leitungen mit Verbindungsklemmen verwendet. Sie sind mit folgenden Angaben gekennzeichnet:

Klemmenanzahl, Aderzahl bei entsprechendem Leiterquerschnitt, Nennspannung.

**Installationstechnik:** In der Installationstechnik werden unterschiedliche Installationsarten praktiziert und mit Kurzzeichen beschrieben:
- A: Aufputzinstallation,
- U: Unterputzinstallation,
- H: Hohlwandinstallation/Mörtel,
- B: Betonbau,
- K: Installationskanal – Installation.

Dabei ist das Betriebsmittel auf die am jeweiligen Anwendungsort geltenden Bedingungen abzustimmen. Einige Mindestanforderungen dürfen nicht unterschritten werden. Die Installationsnormen legen weitere Anforderungen wie die Schutzarten und Aufschriften fest.
– Schutzart: mind. IP20
– mind. IP30 bei Hohlwanddosen
– ab IP31 Leitungseinführung abdichten und Kondenswasserabflussöffnung öffnen

Betriebsmittel müssen Aufschriften tragen. Das sind im Einzelnen: Herkunftszeichen, Grundtypzeichen, Nennspannung, Kennzeichen der Installationstechniken, Schutzart, max. Klemmenanzahl und Leiterzahl.

## 4.2.2 Technische Regeln

In der DIN VDE 0116 [23] ist die Norm für die elektrische Ausrüstung von Feuerungsanlagen, die mit festen, flüssigen oder gasförmigen Brennstoffen betrieben werden, geregelt.

Zur Feuerungsanlage gehören auch die zugehörigen Einrichtungen zur Lagerung, Aufbereitung und Förderung der Brennstoffe.

Die *Festlegungen in dieser DIN gelten zusammen mit folgenden technischen Regeln:*

- *Normen der Reihe DIN VDE 0100 [1], DIN VDE 0101 [24], DIN V VDE V 0160 -106 [25], Normen der Reihe DIN VDE 0800 [26],*
- *Technische Regeln für Dampfkessel (TRD), insbesondere die für das Errichten von Feuerungsanlagen maßgebenden TRD 411 [27] und DIN 4755 Teil 1 [28].*

## 4.2.3 Wichtige Begriffe aus der Installationsnorm

**Feuerungsanlage:** gesamte Einrichtung für die Verfeuerung von Brennstoffen einschließlich der Einrichtung zur Lagerung, Aufbereitung und Förderung der Brennstoffe, der Verbrennungsluftversorgung, der Rauchgasabführung und der zugehörigen Regel-, Steuer- und Überwachungseinrichtungen

**Hauptstromkreis:** Stromkreis, der Betriebsmittel zum Erzeugen, Umformen, Verteilen, Schalten und Verbrauch elektrischer Energie enthält.

**Hilfsstromkreis:** Stromkreis für zusätzliche Funktionen, z.B. Steuerstromkreise (Befehlsgabe, Verriegelung), Melde- und Messstromkreise.

**Steuerstromkreis:** Hilfsstromkreis, in dem Befehlsgeräte direkt oder über binäre Verknüpfungsglieder die Stellglieder oder deren Hauptstromschaltgeräte (z.B. Relais, Schütze) beeinflussen.

**Sicherheitsstromkreis:** Steuerstromkreis, der dem Schutz von Personen und der Anlage dient.

**Sicherheitseinrichtung:** Einrichtung, bei der alle Geräte, Einheiten und Sicherheitsstromkreise dem Schutz von Personen und der Anlage dienen, z.B. Gefahrenschalter bzw. Notschalter.

**Hauptschalter:** von Hand bedienbarer Schalter, mit dem im Gefahrenfall die gesamte Feuerungsanlage einschließlich Brennstoffförderung und elektrischer Vorwärmung abgeschaltet werden kann.

**Befehlsgerät:** von Hand bedienbarer Schalter oder selbsttätig arbeitender Grenzsignalgeber, der in Abhängigkeit von Betriebs- oder Stellgrößen arbeitet.

**Steuergerät:** binäres Verknüpfungsglied, das auf Befehlsgeräte anspricht und einen bestimmten Programmablauf veranlasst.

**Regelgerät:** Gerät, das der Konstanthaltung der Regelgröße dient. Die zu regelnde Größe wird fortlaufend mit dem vorgesehenen Sollwert verglichen und im Sinne einer Angleichung an diesen beeinflusst.

**Wächter:** Grenzsignalgeber, der bei Erreichen eines fest eingestellten Grenzwertes ein Signal gibt bzw. unterbricht und erst bei definierter Änderung der Betriebsgröße das Ausgangssignal umkehrt.

**Tauchelektrode:** Grenzsignalgeber zur Flüssigkeitsstandüberwachung

**Begrenzer:** Grenzsignalgeber, der bei der Erreichung eines fest eingestellten Grenzwertes die Energiezufuhr unterbricht und verriegelt.

**Sicherheitsbegrenzer:** Begrenzer, der den Anforderungen an erweiterte Sicherheit unterliegt, z. B. Sicherheitstemperaturbegrenzer nach DIN 3440

**Thermische Ablaufsicherung:** Gerät, das durch Energieableitung verhindert, dass der vorgesehene Grenzwert überschritten wird.

**Flammenüberwachungsgeräte oder -einrichtungen:** Geräte oder Einrichtungen, die auf das Vorhandensein bzw. das Ausbleiben der Flammen ansprechen und ein entsprechendes Signal an das Steuergerät geben.

**Grenztaster:** Grenzsignalgeber, der anspricht, wenn Einrichtungen, wie z. B. Brennerlanzen, Rauchgasklappen oder Luftklappen, definierte Stellungen – z. B. eine bestimmte Endlage – erreichen.

**Meldegerät:** Gerät, das optische oder akustische Anzeigen oder Warneinrichtungen steuert.

**Stellglied:** Gerät, das einen Masse- oder Energiestrom absperrt, freigibt oder beeinflusst.

**Wirkungsglied:** Bauteil, das bei Einwirkung physikalischer Größen, genannt Wirkungsgrößen, Veränderungen in anderen elektrischen Stromkreisen oder Volumenströmen verursacht.

**Elektrische Betriebsmittel:** Gegenstände, die als Ganzes oder in einzelnen Teilen dem Anwenden elektrischer Energie oder dem Übertragen, Verteilen und Verarbeiten von Informationen dienen. Auch Schutz- und Hilfsmittel, die dem Schutz gegen elektrischen Schlag dienen, werden den elektrischen Betriebsmitteln gleichgesetzt.

**Elektrische Anlagen:** Elektrische Anlagen werden durch Zusammenschluss elektrischer Betriebsmittel gebildet. Die elektrische Anlage eines Gebäudes beginnt an der Einspeisung des Verteilungsnetzbetreibers und endet am letzten Betriebsmittel des Endstromkreises. Elektrotechnische Arbeiten an der elektrischen Anlage eines Gebäudes dürfen ausschließlich von

Elektrofachkräften ausgeführt werden, die in ein Installateurverzeichnis eines Verteilungsnetzbetreibers eingetragen sind.

Elektrische Betriebsmittel und Betriebsmittel mit elektrischen Bauteilen sowie elektrische Anlagen müssen den für sie geltenden Normen entsprechen. Sie sind so auszuwählen, dass sie sowohl den zu erwartenden elektrischen, chemischen und mechanischen Beanspruchungen, als auch den äußerlichen Einflüssen standhalten. Elektrische Betriebsmittel sind so einzubauen, dass ihre betriebsmäßige Bedienung und Wartung ohne Gefährdung des Bedienenden möglich ist. Die Einbaulage, die Betätigungsrichtung und der Anschluss der elektrischen Betriebsmittel muss den Herstellerangaben entsprechen. Das gilt auch für die Umgebungsbedingungen.

Elektrische Betriebsmittel müssen entsprechend den Herstellervorgaben gegen Überlast und Kurzschluss geschützt werden. Oft weichen die Vorgaben für die maximale Absicherung der Hersteller von den in der Anlage vorhandenen Schutzeinrichtungen ab. Das gilt insbesondere dann, wenn die meist verwendeten 16-A-Leitungsschutzschalter zum Schutz der Stromkreise installiert sind.

Alle elektrischen Betriebsmittel müssen in eingebautem Zustand mindestens dem Schutzgrad IP4X nach DIN 40 050 entsprechen. Elektrische Betriebsmittel erfüllen die Anforderungen der für sie geltenden Normen mit Sicherheit nur, wenn sie innerhalb der dort angegebenen Toleranzen der Betriebsbedingungen eingesetzt werden.

### 4.2.4 Besondere Anforderungen an Betriebsmittel in Heizungsanlagen

- Bei Ausfall der Stromversorgung darf die Verzögerungszeit der Abschaltung der Feuerungsanlage maximal 1 s betragen. Das gilt nicht für Gasbrenner ohne Gebläse mit ständig brennender Zündflamme.
- Elektrische Betriebsmittel müssen mindestens für Verschmutzungsgrad 3 und Überspannungskategorie 111 nach DIN VDE 0110-1 [29] bemessen sein.
- Motoren müssen mindestens der Schutzart IP44 entsprechen.
- Zündtransformatoren müssen der Schutzart IP4x entsprechen.
- Schütze müssen der DIN VDE 0660-102 [30], entsprechen.
- Die Kontakte elektromechanischer Betriebsmittel, die nur bei jedem Einschaltvorgang betätigt werden, müssen eine mechanische Lebensdauer

von 300.000 Schaltspielen erreichen. Leistungsschalter müssen der DIN VDE 0660-101 [31] entsprechen.

- Beim Einsatz von Tauchelektroden müssen folgende Bedingungen erfüllt sein:
  - Steuerstromkreise mit Tauchelektroden müssen von anderen Hilfsstromkreisen und auch vom Netz galvanisch getrennt sein. Sie dürfen nicht geerdet betrieben werden, abgesehen von der zwangsläufigen Erdung bei der Rückleitung des Deckelflansch.
  - Die Betriebsspannung von Elektroden darf 50 V nicht überschreiten. Die Spannung muss von einem Sicherheitstransformator erzeugt werden, der der Schutzklasse II und der Schutzart IP55 entsprechen muss.
  - Bei vollständig eingetauchtem Elektrodenkopf soll die Stromdichte an den Elektroden 10 mA je cm$^2$ Elektrodenoberfläche nicht überschreiten.
  - Tauchelektroden dürfen mit zwei in Reihe zu schaltenden Elektroden oder mit einer Elektrode verwendet werden, wobei als Gegenelektrode die Metallkonstruktion des Kessels dient. Wird nur eine Elektrode verwendet, so muss die Rückleitung unmittelbar am Deckelflansch der Tauchelektrode angeschlossen werden.
- Bei elektrischer Beheizung von Zwischenbehältern und Rohrleitungen sind auch die Normen der Reihe DIN VDE 0721 [32] und DIN VDE 0253 [33] bzw. DIN VDE 0284 [34] zu beachten.

### 4.2.5 Einrichtungen zum Freischalten

Für jeden Brenner von Feuerungsanlagen mit festen, flüssigen oder gasförmigen Brennstoffen muss ein Schalter vorhanden sein, mit dem die gesamte elektrische Ausrüstung des Brenners während der Dauer von Reinigungs-, Wartungs- und Reparaturarbeiten sowie bei längerem Stillstand ausgeschaltet werden kann.

Der Schalter muss folgende Bedingungen erfüllen:
- Er ist mindestens als Lastschalter nach DIN VDE 0660-107 [35] auszuführen.
- Er muss für den Summenstrom aller Verbraucher bemessen sein, die gleichzeitig betrieben werden können.
- Er muss handbetätigbar sein und darf nur eine Aus- und eine Ein-Stellung mit zugeordneten Anschlägen haben. Die Schaltstellungen müssen gekennzeichnet sein.

## 4.2 Installationsnormen für Heizungs- und Lüftungsanlagen

- Er muss alle nicht geerdeten Leiter gleichzeitig trennen und Trennereigenschaften nach DIN VDE 0660-107 [35] haben.
- Er muss eine sichtbare Trennstelle oder eine Stellungsanzeige haben. Die Aus-Stellung darf erst dann angezeigt werden, wenn zwischen allen Schaltstücken die vorgeschriebenen Luftstrecken nach DIN VDE 0660-107 [35] erreicht sind.

Folgende Stromkreise brauchen durch diesen Schalter nicht freigeschaltet zu werden:

- Licht- und Steckdosenstromkreise für Zubehör zu Instandsetzung oder Wartung,
- Stromkreise bis 50 V,
- Hilfsstromkreise über 50 V, die nicht abgeschaltet werden dürfen,
- Hilfsstromkreise über 50 V für Antriebe, die einen Wartungs- oder Reparaturbetrieb zulassen und Hilfsstromkreise für Inertisierungseinrichtungen.

Diese Stromkreise müssen besonders gekennzeichnet sein. Leitungen solcher Stromkreise sind getrennt zu verlegen und nur über abgedeckte Klemmen anzuschließen.

In den Schaltungsunterlagen sind die Stromkreise anzugeben, die durch die Freischaltung nicht abgeschaltet werden. An der Freischalteinrichtung ist dann ein entsprechender Hinweis anzubringen (z. B. ACHTUNG! Hilfsstromkreise verbleiben nach Freischalten noch unter Spannung!)

Für das Abschalten der elektrischen Ausrüstung von Feuerungsanlagen ist nach TRD 411 [27] ein Gefahrenschalter anzubringen. Der Gefahrenschalter muss die Stromkreise der elektrischen Betriebsmittel einer Feuerungsanlage, die im Gefahrenfall abgeschaltet werden müssen, mittelbar oder unmittelbar schalten.

Die elektrische Ausrüstung von Öl- und Gasfeuerungsanlagen bei einer Nennwärmebelastung von 50 kW muss im Gefahrenfall durch einen Hauptschalter nach DIN 4755 Teil 1 [28] abgeschaltet werden können.

Der Gefahren- bzw. Hauptschalter muss folgende Bedingungen erfüllen:

- Die Schaltstücke müssen beim Ausschalten zwangsläufig geöffnet werden.
- Er ist an leicht zugänglicher und ungefährlicher Stelle außerhalb des Aufstellungsraumes der Feuerungsanlage bzw. am Fluchtweg anzubringen und entsprechend dem Verwendungszweck zu kennzeichnen.
- Die Handhabe des Gefahrenschalters muss auffällig in Rot und die Fläche unter der Handhabe am Einbauort in der Kontrastfarbe Gelb gekenn-

zeichnet sein. Der Gefahren- bzw. Hauptschalter darf als Schalter zum Freischalten verwendet werden, wenn er die zum Freischalten geltenden Bedingungen erfüllt.

### 4.2.6 Hilfsstromkreise

Hilfsstromkreise, die direkt vom Drehstrom- oder Wechselstromnetz eingespeist werden, dürfen nur zwischen einem Außenleiter und dem geerdeten Mittelleiter angeschlossen werden. In ungeerdeten Netzen müssen Hilfsstromkreise aus Steuertransformatoren gespeist werden.

Hilfsstromkreise sind mit Nennspannungen < 400 V Wechselspannung und < 250 V Gleichspannung zu betreiben. Es sind vorzugsweise folgende Nennspannungen anzuwenden:
- Wechselspannung 24 V, 42 V, 220 V,
- Gleichspannung 24 V, 48 V, 60 V, 110 V, 230 V.

Bei Speisung aus Steuertransformatoren, Umformern oder Batterien dürfen Hilfsstromkreise geerdet oder ungeerdet betrieben werden. Geerdete Steuerstromkreise sollen bevorzugt dann zur Anwendung kommen, wenn ein Erdschluss zur Anschaltung führen darf. Bei geerdeten Steuerstromkreisen muss eine lösbare Verbindung zur Erdanschlussstelle unmittelbar am Steuertransformator bzw. in der Nähe von Umformern oder Batterien vorhanden sein.

Leitungen und Schaltglieder in Hilfsstromkreisen sind durch Schutzeinrichtungen gegen die Auswirkungen von Kurzschlussströmen zu schützen. Geerdete Hilfsstromkreise müssen im nicht geerdeten Leiter gegen Kurzschluss geschützt werden. Hilfsstromkreise mit geerdeter Mittelanzapfung der Hilfsspannungsquelle müssen an beiden Ausgängen gegen Kurzschluss geschützt werden. Ungeerdete Hilfsstromkreise müssen in dem Leiter gegen Kurzschluss geschützt sein, in dem sich die Schaltglieder befinden. Sicherheitseinrichtungen müssen so ausgelegt sein, dass beim Auftreten von inneren Fehlern oder äußeren Einflüssen in oder an der Sicherheitseinrichtung deren Wirksamkeit erhalten bleibt oder die Anlage in den sicheren Zustand überführt wird.

Als innere Fehler gelten:
- Schlüsse oder Unterbrechungen in Bauelementen,
- fehlerhaftes Schwingen von Schaltkreisen,
- Nichtabfall bzw. Nichtanzug von elektromagnetischen Bauelementen,
- Schlüsse, Unterbrechungen in Steuerstromkreisen, wie Leiterbruch, Körperschluss, Erdschluss oder Leiterschluss,

- Softwarefehler,
- systematische Hardwarefehler in integrierten Bauelementen.

Als äußere Einflüsse gelten:
- Spannungsausfall und Spannungswiederkehr, Über- und Unterspannung, kurze Spannungsunterbrechung,
- elektromagnetische und elektrische Beeinflussungen, wie induktive, kapazitive Beeinflussungen oder Beeinflussungen durch Kopplung über ohmsche Widerstände,
- für Mikroelektronik ionisierende Strahlung sowie für EPROMs UV-Strahlung.

### 4.2.7 Schutzmaßnahmen gegen elektrischen Schlag

Die aktiven Teile elektrischer Betriebsmittel müssen nach DIN VDE 0100-410 [36] gegen direktes Berühren geschützt sein.

Abweichend und ergänzend dazu gilt:
- Elektrische Betriebsmittel, die außerhalb elektrischer Betriebsstätten oder abgeschlossener elektrischer Betriebsstätten eingesetzt sind, müssen auch bei Nennspannungen unter 50 V gegen direktes Berühren geschützt sein.
- Abdeckungen aktiver Teile von Zündtransformatoren und Abdeckungen: Zündtransformatoren und Zündelektroden dürfen nur mit Werkzeug entfernt oder geöffnet werden. Bei Hochspannungszündeinrichtungen ist auf der Abdeckung gut sichtbar ein Warnschild anzubringen. Bei Hochspannungszündeinrichtungen mit Kondensatoren ist darüber ebenfalls ein Hinweisschild anzubringen.
- Bei ausschwenkbaren oder ausfahrbaren Brennern mit Hochspannungszündung muss die Spannungsversorgung des Hochspannungsteils zwangsläufig abgeschaltet werden, wenn der Brenner ausgeschwenkt oder ausgefahren wird.
- Als Schutz bei indirektem Berühren sind die Maßnahmen nach DIN VDE 0100 Teil 410 [36] anzuwenden.
- Konstruktionsteile des Brenners, des Kessels oder des Kesselhauses dürfen als Schutzleiter verwendet werden, wenn die Bedingungen nach DIN VDE 0100 Teil 540 [37] erfüllt sind.

## 4.2.8 Schutz gegen elektromagnetische Einflüsse

Gegen die Auswirkung von Störungen durch elektromagnetische Felder sind abgeschirmte Kabel und Leitungen und/oder Kabel und Leitungen mit verdrillten Aderpaaren als Signalkabel und -leitungen zu verwenden.

In den Schaltschränken sind die Energie- und Signalleitungen getrennt zu verlegen. Die Schirme der Leitungen sind vollflächig mit dem Potentialausgleich zu verbinden. Für den Anschluss stehen spezielle Klemmen zur Verfügung, die eine sichere Kontaktierung mit dem Leitungsschirm gewährleisten.

## 4.2.9 Schutz gegen Überspannungen

Nach DIN VDE 0100 müssen manche elektrische Anlagen gegen Überspannungen geschützt werden. Der Schutz gegen Überspannungen ist immer notwendig, wenn Auswirkungen in Bezug auf das menschliche Leben, z. B. Anlagen für Sicherheitszwecke, medizinische Betriebsmittel in Krankenhäuser oder Auswirkungen in Bezug auf öffentliche Einrichtungen, z. B. Ausfall von öffentlichen Diensten, Telekommunikationszentren, Museen oder Auswirkungen in Bezug auf Gewerbe- oder Industrieaktivitäten, z. B. Hotels, Banken, Industriebetriebe, Gewerbemärkte, Bauernhöfe zu erwarten sind. In Gebäuden wie großen Wohngebäuden, Kirchen, Büros, Schulen und kleinen und mittelgroßen Wohngebäuden sowie bei Auswirkungen auf kleine Büros ist immer dann ein Überspannungsschutzsystem erforderlich, wenn Betriebsmittel der Überspannungskategorie 1, wie zum Beispiel elektronische Betriebsmittel, verwendet werden. Im privaten Umfeld ist in jedem Fall mit derartigen Betriebsmitteln zu rechnen.

In den genannten Fällen ist ein dreistufiger Schutz gegen Überspannung vorzusehen. Im Installationsbereich der Heizungs- und Lüftungsanlage ist der Energieversorgungsteil wie auch der Mess-Steuer-Regelteil der Anlage gegen Überspannungen zu schützen. Besondere Aufmerksamkeit ist den von außen in das Gebäude und zum Schaltschrank führenden Leitungen zu widmen. Diese sind an der Gebäudeeintrittstelle mit geeigneten Überspannungsschutzgeräten zu bestücken.

## 4.2.10 Kabel und Leitungen

Es dürfen nur Kabel und Leitungen verwendet werden, die den gültigen VDE-Bestimmungen entsprechen.

Für die Belastung der Leiterquerschnitte gelten die Festlegungen der Normen (DIN VDE 0100 [1], DIN VDE 0891-1 [40], DIN VDE 0298-4 [41]). Der Mindestquerschnitt für Steuer- und Meldestromkreise muss der gewählten Anschlusstechnik angepasst sein.

Kabel und Leitungen müssen gegen mechanische Beschädigung ausreichende Festigkeit haben. Bei erhöhter Gefahr mechanischer Beschädigung ist ein zusätzlicher Schutz vorzusehen.

Kabel und Leitungen müssen ordnungsgemäß befestigt werden. Die Befestigungsabstände sind im Kapitel 6.2 des ersten Bandes dieses Buches beschrieben.

**Netz- und Geräteanschluss**

Zum Anschluss der elektrischen Ausrüstung an das Netz sind folgende Anschlussarten möglich:
- Anschluss über fest verlegte Leitungen,
- Anschluss über bewegliche Leitungen fest an der elektrischen Anlage und dem Gerät angeschlossen,
- Anschluss über bewegliche Anschlussleitungen, die mit einer Steckvorrichtung mit der elektrischen Anlage und am Gerät fest angeschlossen sind.

Die Netzanschlussklemmen müssen eindeutig gekennzeichnet sein. Die Bezeichnungen müssen im Schaltplan übereinstimmen. Für Schutzleiter sind Anschlüsse in solcher Anzahl vorzusehen, dass die ankommenden und abgehenden Schutzleiter einzeln angeschlossen werden können. Diese Schutzleiteranschlüsse müssen gegen Selbstlockern gesichert werden und sind mit einem Bildzeichen nach DIN 30600 zu kennzeichnen.

## 4.2.11 Zusätzliche Bestimmungen

Neben den erwähnten VDE-Bestimmungen sind eventuell weitere Vorschriften, Richtlinien und Merkblätter zu beachten. Nachfolgend eine Liste der Regelwerke des VdS, diese Regelwerke gelten oftmals für einen Versicherungsnehmer, wenn der Versicherungsvertrag diese Regeln einschließt:
- VdS 2046 „Sicherheitsvorschriften für Starkstromanlagen bis 1.000 V" [42],
- VdS 2057 „Sicherheitsvorschriften für Starkstromanlagen in landwirtschaftlichen Betrieben und der Intensivtierhaltung" [43],
- VdS 2023 „Errichtung elektrischer Anlagen in baulichen Anlagen aus vorwiegend brennbaren Baustoffen, Richtlinien für den Brandschutz" [44],

- VdS 2024 „Errichtung elektrischer Anlagen in Möbeln und ähnlichen Einrichtungsgegenständen, Richtlinien für den Brandschutz" [52],
- VdS 2025 „Kabel- und Leitungsanlagen, Richtlinien zur Schadenverhütung" [46],
- VdS 2031 „Blitz- und Überspannungsschutz in elektrischen Anlagen, Richtlinien zur Schadenverhütung" [47],
- VdS 2015 „Elektrische Geräte und Einrichtungen, Richtlinien zur Schadenverhütung" [48],
- VdS 2067 „Elektrische Anlagen in der Landwirtschaft, Merkblatt zur Schadenverhütung"[49].

## 4.2.12 Elektrische Betriebsmittel in Räumen mit Badewanne oder Dusche

### 4.2.12.1 Einteilung der Bereiche in einem Badezimmer

Räume mit Badewanne oder Dusche sind besondere Räume, in denen spezielle Anforderungen an die elektrotechnische Installation gelten. Räume mit Badewanne oder Dusche werden nach DIN VDE 0100-701 [50] in Bereiche eingeteilt, die in **Bild 4.1** dargestellt sind.

Der Bereich 0 umfasst das Innere der Badewanne oder Dusche.

Der Bereich 1 wird durch die senkrechte Fläche um die Bade- und Duschwanne begrenzt. Ist keine Duschwanne vorhanden, so verläuft der Bereich 1 wie die Mantelfläche eines Zylinders mit einem Abstand von 1,2 m um den Brausekopf herum. Die Höhe von Bereich 1 beträgt 2,25 m.

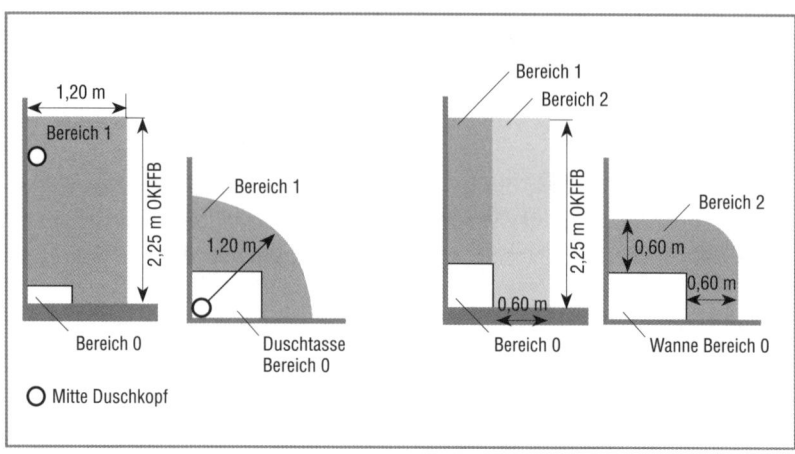

**Bild 4.1** *Einteilung der Bereiche in einem Bad mit Badewanne oder Dusche*

Der Bereich 2 schließt an den Bereich 1 an und hat eine Breite von 60 cm. Hat die Dusche keine feste Abtrennung, endet der Bereich 1 im Abstand von 1,2 m vom festen Duschkopf.

### 4.2.12.2 Leitungen in Räumen mit Badewanne oder Dusche

Leitungen für Betriebsmittel in den Bereichen 0, 1 und 2 dürfen nur senkrecht von oben oder waagerecht durch die angrenzende Wand zur Rückseite des Gerätes geführt werde, wenn das elektrische Verbrauchsmittel über der Bade- oder Duschwanne, bei Duschen ohne Wanne über der Standfläche, fest montiert ist. Das gilt zum Beispiel für Wassererwärmer.

Erlaubt in den einzelnen Bereichen sind:

**im Bereich 0:**
- Geräte mit Schutzkleinspannung $U_L \leq 12\,V$ AC oder $30\,V$ DC, die fest eingebaut sind und fest angeschlossen sind. Sie müssen nach Herstellerangaben für den Einsatz in diesem Bereich geeignet sein.

**im Bereich 1:**
- Die Betriebsmittel müssen ortsfest angebracht und fest angeschlossen sein. Diese elektrischen Verbrauchsmittel müssen für die Errichtung nach Herstellerangaben für die Verwendung und Montage im Bereich 1 geeignet sein. Solche elektrischen Verbrauchsmittel sind zum Beispiel Whirlpooleinrichtungen und Duschpumpen.
- Erlaubt sind auch Betriebsmittel, die mit SELV oder PELV mit einer Nennspannung nicht größer als $25\,V$ AC oder $60\,V$ DC betrieben werden.
- Darüber hinaus sind Betriebsmittel wie Lüfter, Handtuchtrockner oder Wassererwärmer im Bereich 1 erlaubt.

**im Bereich 2:**
- Installationsgeräte, ausgenommen Steckdosen, sind erlaubt.
- Steckdosen, die durch Kleinspannung mittels SELV oder PELV geschützt sind, dürfen installiert sein. Die Stromquelle muss außerhalb der Bereiche 0 und 1 errichtet sein; Rasiersteckdosen-Einheiten sind erlaubt.
- Installationsgeräte, einschließlich Steckdosen für Betriebsmittel der Signal- und Kommunikationstechnik, müssen durch Kleinspannung mittels SELV oder PELV geschützt sein.

### Schutzarten

Folgende Schutzarten werden gefordert:
- Bereich 0: Schutzart IPX7,
- Bereich 1: Schutzart IPX4,

- Bereich 2: Schutzart IPX4,
- bei Auftreten von Strahlwasser, zum Beispiel in öffentlichen Bädern, müssen Betriebsmittel der Schutzart IPX5 entsprechen.

**Zusätzlicher Schutz durch Fehlerstromschutzschalter**
In Räumen mit Bade- oder Duschwannen ist ein zusätzlicher Schutz durch einen Fehlerstromschutzschalter mit einem Bemessungsdifferenzstrom kleiner als 30 mA zu installieren. Wenn ein Stromkreis für eine einzelne Steckdose oder ein einzelnes Gerät installiert ist, ist auch die Schutzmaßnahme Schutztrennung erlaubt.

Darüber hinaus sind die Schutzmaßnahmen SELV und PELV erlaubt. In den Bereichen 0, 1 und 2 ist ein Berührungsschutz dieser Stromkreise grundsätzlich erforderlich.

Fest angebrachte und fest angeschlossene elektrische Warmwasserbereiter dürfen auch ohne Fehlerstromschutzschalter betrieben werden.

**Zusätzlicher Schutz durch Schutzpotentialausgleich**
In Räumen mit Bade- oder Duschwannen ist ein zusätzlicher Schutz durch einen zusätzlichen Schutzpotentialausgleich erforderlich. Das gilt nicht, wenn in dem Gebäude ein Schutzpotentialausgleich über die Haupterdungsschiene (früher: Hauptpotentialausgleich) installiert ist.

In den Fällen, in denen in einem Gebäude ein Schutzpotentialausgleich über die Haupterdungsschiene nicht installiert ist, wird empfohlen, diesen nachzurüsten. Ist der Schutzpotentialausgleich über die Haupterdungsschiene vorhanden, müssen die folgenden fremden leitfähigen Teile, die in Räume mit Badewanne oder Dusche hineinführen, in den zusätzlichen Schutzpotentialausgleich einbezogen werden. Das sind:

- Teile von Frischwasserversorgungen und Abwassersystemen,
- Teile von Heizungssystemen und Klimaanlagen,
- Teile von Gasversorgungssystemen.

Die Schutzleiter zu den Körpern und die vorgenannten fremden leitfähigen Teile, die sich innerhalb des Raumes mit Badewanne oder Dusche befinden, müssen miteinander verbunden werden.

## 4.3 Arbeitsanweisungen für grundlegende Tätigkeiten

### 4.3.1 Elektrischer Anschluss von SHK-Anlagen

Um die nachfolgend beschriebenen Arbeiten fachgerecht ausführen zu können, müssen Kenntnisse aus folgenden Bereichen vorhanden sein:
- sicherer Umgang mit Handwerkzeug,
- Anwendung der fünf Sicherheitsregeln,
- Auswahl von geeigneten Leitungen,
- Herrichten von Leitungen und Adern,
- Zugentlastung von Leitungen,
- Abdichten von Betriebsmitteln gegen Eindringen von Wasser und Fremdkörpern,
- Durchführung von Sicherheitsprüfungen an Betriebsmitteln.

### 4.3.2 Anschluss einer Heizungsanlage

Nachdem die Heizungsanlagen aufgestellt und an die Gas- und Wasserleitungen angeschlossen wurden, kann der elektrische Anschluss erfolgen.

Für die notwendigen Arbeiten müssen in Abhängigkeit von der Anlagengröße Kenntnisse aus folgenden Bereichen vorhanden sein:
- sicherer Umgang mit Handwerkzeug,
- Anwendung der fünf Sicherheitsregeln,
- Auswahl geeigneter Leitungen,
- Herrichten von Leitungen und Adern zum Anschluss an einen Motor (Biegen von Ösen),
- Zugentlastung von Leitungen,
- Abdichten von Betriebsmitteln gegen Eindringen von Wasser und Fremdkörpern,
- Verschalten von Betriebsmitteln entsprechend den Schaltplänen und Installationsanweisungen des Herstellers,
- Einstellungen an Motorschutzschaltern und Motorschutzrelais sowie Motorvollschutz-Geräten,
- Beurteilung der Belastbarkeit von Leitungen,
- Durchführung von Prüfungen an Betriebsmitteln,
- Durchführung von Prüfungen an elektrotechnischen Anlagen,
- Durchführung von Prüfungen an Niederspannungsschaltgeräten,
- Durchführung von Prüfungen an Maschinen.

Dazu sind in Abhängigkeit von der Größe und Art der Heizungsanlage folgende Arbeiten erforderlich:
- Überprüfung der vom Elektroinstallateur verlegten Zuleitung am Heizungsnotschalter oder am Schaltschrank.
- Überprüfung der niederohmigen Schutzleiterverbindung und Schutzpotentialausgleichsleitung.
- Im TT- oder im TN-System mit Fehlerstrom-Schutzeinrichtung wird die Fehlerstrom-Schutzeinrichtung durch einen künstlichen Fehler ausgelöst. Die Berührungsspannung $U_L$ wird bei $I_{\Delta N}$ ermittelt. Im TN-System werden die Schleifenimpedanz und der mögliche Kurzschlussstrom mit dem Auslösestrom der vorgeschalteten Schutzeinrichtung verglichen. Die einzelnen gemessenen Werte müssen mit den zulässigen Werten und vorhandenen Anlagendaten verglichen werden.
- Sichtkontrolle des Potentialausgleiches: sind alle PA-Leitungen fest angeschlossen?
- Liegen die Erdungsschellen fest an den Rohren an? Alle Leitungen, die man nicht auf der gesamten Länge sehen kann, müssen gemessen werden.

Sind alle o.g. Punkte abgearbeitet worden, kann die Verkabelung der Heizungsanlage erfolgen. Hierbei sind unbedingt die vom Hersteller angegebenen Leitungen zu verwenden. Bewegliche Leitungen sind flexibel, zum Beispiel mit dem Leitungstyp H07 VV-K, Ölflex-Leitung oder Betaflam-Leitung, auszuführen. Fest verlegte Leitungen dürfen auch massive Leiter aufweisen. Das könnten zum Beispiel Mantelleitungen vom Typ NYM oder Kabel vom Typ NYY sein. In der Erde dürfen ausschließlich Kabel vom Typ NYY verlegt werden. Besteht die Möglichkeit, dass die Anschlussleitungen zu einem Betriebsmittel führen, das schwingen oder vibrieren kann, sind für den Anschluss flexible Leitungen zu verwenden. Führen Leitungen von der Wand zu einem Betriebsmittelanschluss, der eine länger frei hängende Leitung als 8 cm erfordert, ist die Einführung mit einer zugentlastenden Kabelverschraubung auszuführen. Alternativ kann die Leitung in geschlossener Rohrverlegung geführt werden.

Danach werden die Anschlussarbeiten ausgeführt:
- Anschluss des Vorlauffühlers (evtl. mit Wärmeleitpaste am Rohr anbringen),
- Anschluss des Außenfühlers,
- Anschluss der Fernbedienung (Raum- oder Uhrenthermostat),
- Anschluss der Heizkreispumpe, Ladepumpe, Mischer und Zirkulationspumpe,

- Anschluss der Abgasklappe,
- Anschluss sonstiger Komponenten.

Dies geschieht nach den Vorgaben des Herstellers an den nach Anschlussplan vorgesehenen Klemmen.

Sind die Anschlussleitungen nicht vorhanden oder vom Hersteller angegeben, muss bei fester Verlegung NYM-J und bei flexibler Verlegung H05 VV-F mit Schutzleiter verwendet werden. Die Leiterenden der flexiblen Leitungen müssen mit Aderendhülsen vor Aufspleißen gesichert werden.

## ARBEITSANWEISUNG

### Gegenstand
Elektrischer Anschluss und die Inbetriebnahme der elektrischen Betriebsmittel einer heiztechnischen Anlage.

### Geltungsbereich
Die Betriebsanweisung gilt für Heizungsanlagen und ähnliche Anlagen des Gewerks SHK. Sie gilt nicht für Kleinanlagen, deren Heizkessel oder Betriebsmittel als Haushaltsgerät definiert sind. Die Anwendungen sind entsprechend anzupassen.

### Feststellen des Arbeitsumfangs
Der Arbeitsumfang ist festzustellen und die einzelnen Tätigkeiten sind mit denen der Bestellung der EFKffT abzugleichen. Arbeiten, die außerhalb des Bestellungsbereichs liegen, dürfen nicht ausgeführt werden.

### Prüfen der Energieversorgung
Die vom Kunden bereitgestellte Zuleitung ist im Hinblick auf die Funktionsfähigkeit der Schutzmaßnahme zu überprüfen:
- Niederohmige Schutzleiterverbindung.
- Auslösen des Fehlerstromschutzschalters durch einen künstlichen Fehler mit Ermittlung der Berührungsspannung $U_B$, bei Anliegen des Bemessungsdifferenzstromes $I_{\Delta N}$ und der Größe des Erdübergangswiderstands des Anlagenerders $R_A$. Die einzelnen Werte müssen mit den zulässigen verglichen werden.
- Ermitteln der Schleifenimpedanz und des Kurzschlussstromes sowie der daraus resultierenden Abschaltzeit im TN-System.
- Sichtkontrolle des Potentialausgleiches: sind alle PA-Leitungen fest angeschlossen?

- Liegen die Erdungsschellen fest an den Rohren an? Alle Leitungen, die man nicht auf der gesamten Länge sehen kann, müssen gemessen werden.
- Diese Überprüfung kann auch in Verbindung mit der Prüfung der fertigen Arbeit geschehen. Sollte eine eigene Leitungsanlage verlegt werden, so ist die Prüfung der Abschaltbedingung im TN-System vor der Dimensionierung der Leitung und der Schutzeinrichtung sinnvoll.

**Anschluss der Betriebsmittel**
Dabei sind unbedingt die vom Hersteller angegebenen oder bereitgestellten Leitungen zu verwenden. Bewegliche Leitungen sind flexibel, zum Beispiel mit dem Leitungstyp Ölflex-Leitung oder Betaflam-Leitung, auszuführen. Fest verlegte Leitungen dürfen auch massive Leiter haben. Das könnten zum Beispiel Mantelleitungen vom Typ NYM oder Kabel vom Typ NYY sein. Zur Verlegung in der Erde oder in einem Erdkanal wird NYY verwendet. Im Außenbereich darf NYM nicht der direkten Sonneneinstrahlung ausgesetzt werden.
Folgende Betriebsmittel sind, wenn vorhanden, zu verkabeln und anzuschließen:
- Vorlauffühler (evtl. mit Wärmeleitpaste am Rohr anbringen),
- Außenfühler,
- Fernbedienung (Raum- oder Uhrenthermostat),
- Heizkreispumpen, Ladepumpe, Mischer und Zirkulationspumpe,
- Abgasklappe,
- sonstige Komponenten.

Diese werden nach Anschlussplan an den dafür vorgesehenen Klemmen und nach entsprechender Arbeitsanweisung angeschlossen.
Sind die Anschlussleitungen nicht vorhanden oder vom Hersteller angegeben, muss bei fester Verlegung NYM-J und bei flexibler Verlegung zum Beispiel H07 VV-K mit Schutzleiter verwendet werden. Die Leiterenden der flexiblen Adern müssen mit Aderendhülsen vor Aufspleißen gesichert werden.
Wurden die Verbindungen zum Schutzpotentialausgleich oder zum örtlichen Schutzpotentialausgleich noch nicht erstellt, so sind diese ebenfalls auszuführen.

**Prüfen der fertigen Arbeit**
Die fertige Arbeit ist nach den Regeln der DIN VDE 0100-600 [16] zu prüfen. Die Prüfung schließt folgende Prüfungen ein:
- Sichtprüfung,
- Nachweis der niederohmigen Verbindung des Schutzleiters,
- Nachweis der Isolationseigenschaften der Betriebsmittel,
- Nachweis der Funktion der Schutzmaßnahme gegen elektrischen Schlag,
- Nachweis des zulässigen Spannungsfalls,
- Nachweis der Funktion.

**Dokumentation**
Die Dokumentation erfolgt auf den betriebsintern festgelegten Vordrucken. Die Dokumentation ist vom Kunden zu bestätigen.

**Verantwortlichkeiten**
Die Elektrofachkraft für festgelegte Tätigkeiten ist für die normgerechte, fachgerechte und sicherheitsgerechte Ausführung der Arbeiten, für die sie bestellt ist, verantwortlich. Sie führt diese in eigener Fachverantwortung aus.

**Inkrafttreten**
Die Arbeitsanweisung tritt nach Bekanntgabe in Kraft. Sie ist gültig bis zur nächsten Überprüfung.

### 4.3.3 Anschlussarbeiten auf der Baustelle

**ARBEITSANWEISUNG**

**Geltungsbereich**
Austauschen von defekten Betriebsmitteln für Spannungen > 50V AC und Neuanschluss von Betriebsmitteln.
Anwendungsbereiche
Arbeiten an elektrischen Anlagen mit Spannungen berührbarer Teile:
> 25 V AC oder 60 V DC ; Ströme > 3 mA AC oder 12 mA DC

**Gefährdungen**
- gefährliche Körperdurchströmung,
- Lichtbogenbildung durch Überbrücken von unter Spannung stehenden Teilen,

- Zerstörung von Betriebsmitteln durch unsachgemäße Anwendung,
- Zerstörung von Betriebsmitteln durch falschen Anschluss.

**Schutzmaßnahmen und Verhaltensregeln**
- Anlage immer spannungsfrei schalten und die ersten drei der fünf Sicherheitsregeln zwingend beachten.
- Nur einwandfreie Messleitungen mit weitestgehendem Berührungsschutz verwenden.
- Geeignete Messgeräte verwenden.
- Bei der Verwendung von Werkzeug auf dessen sachgerechten Gebrauch achten.
- Bei der Verwendung von Leitern und Tritten den sachgerechten Gebrauch beachten.
- Bei der Verwendung von elektrisch angetriebenen Werkzeugen persönliche Schutzgeräte verwenden.
- Nur für Baustellen geeignete Betriebsmittel verwenden.

**Verhalten bei Störungen**
- Arbeit unterbrechen, Arbeitsstelle sichern.
- Falls Fachkunde vorhanden, Störung beseitigen; ansonsten verantwortlichen Vorgesetzten informieren.

**Verhalten bei Unfällen – Erste Hilfe**
- Anlage frei schalten, z. B. durch Betätigen der Not-Aus-Einrichtung, Stecker ziehen.
- Hauptschalter ausschalten, ggf. Verletzte bergen.
- Rettungskette einleiten.
- Flucht- und Rettungsplan. Erste-Hilfe-Maßnahmen, z. B. Herz-Lungen-Wiederbelebung, durchführen.
- Nach jedem elektrischen Unfall ist ärztliche Betreuung erforderlich.

**Kontrolle des Arbeitsverantwortlichen**
- Vor der Arbeitsaufnahme sind der Arbeitsplatz und alle zur Anwendung kommenden Hilfsmittel auf den ordnungsgemäßen Zustand zu kontrollieren.
- Beschädigte Gegenstände sind auszusortieren.
- Arbeiten mehr als eine Person am Prüfplatz, so erteilt der Arbeitsverantwortliche nach Unterweisung die Freigabe des Arbeitsplatzes.

## Arbeitsablauf und Sicherheitsmaßnahmen

- Anlage gemäß den fünf Sicherheitsregeln freischalten, gegen Wiedereinschalten sichern und Spannungsfreiheit feststellen.
- Beim Auswechseln von Betriebsmitteln die Beschaltung notieren.
- Elektrische Anschlussleitungen aus dem Klemmbrett entfernen und dabei auf Beschädigung achten. Bei Beschädigung der Adern Leitung kürzen oder gegen eine Leitung gleichen Typs austauschen.
- Betriebsmittel austauschen.
- Leitung in das Betriebsmittel einführen. Auf richtigen Sitz von Dichtungen und Zugentlastungen achten.
- Adern gemäß notierter Beschaltung anschließen. Dabei auf Quetschungen der Adern untereinander und an dem Gehäuse achten
- Funktion der Schutzmaßnahmen gegen elektrischen Schlag prüfen. **Die niederohmige Schutzleiterverbindung muss vor dem Anschluss des PE-Leiters an das Betriebsmittel gemessen werden.**
- Prüfprotokoll ausfüllen und Messungen bewerten.
- Spannung einschalten und Funktionsprüfung durchführen, dazu Messung der Stromaufnahme unter Last, Funktion der Schalteinrichtungen und Sicherheitseinrichtungen prüfen.

## Instandhaltung

- Persönliche Sicherheitseinrichtungen mindestens jährlich durch eine Elektrofachkraft prüfen lassen.
- Reparaturen nur durch beauftragte Elektrofachkräfte durchführen lassen.
- Funktion des persönlichen Fehlerstromschutzschalters vor Arbeitsbeginn durch Betätigen der Prüftaste und mindestens halbjährlich durch Messung der elektrischen Eigenschaften prüfen lassen.

## Abschluss der Arbeiten

- Herstellen des ordnungsgemäßen und sicheren Anlagenzustands.
- Schutz gegen direktes Berühren sicherstellen.
- Abräumen der Arbeitsstelle.
- Defekte Betriebsmittel aussortieren und sachgerecht entsorgen
- Einweisung des Bedieners.

## Verantwortlichkeiten

Die Elektrofachkraft für festgelegte Tätigkeiten ist für die normgerechte, fachgerechte und sicherheitsgerechte Ausführung der Arbeiten, für die sie bestellt ist, verantwortlich. Sie führt diese in eigener Fachverantwortung aus.

**Inkrafttreten**
Die Arbeitsanweisung tritt nach Bekanntgabe in Kraft. Sie ist gültig bis zur nächsten Überprüfung.

## 4.4 Fehlersuche im elektrischen Teil der Heizungsanlage

### 4.4.1 Fehlersuche Körperschluss

Die Fehlerstrom-Schutzeinrichtung löst bei Einschalten der Umwälzpumpe aus. Um den Fehler zu lokalisieren, ist die Überprüfung des Isolationswiderstands erforderlich.

Prüfgrundlage für die Prüfung ist DIN VDE 0100-600 [51] für den Teil der festen Installation und DIN VDE 0701-0702 [3] für die Umwälzpumpe. Zusätzlich sind die Vorgaben des Pumpenherstellers zu beachten.

**Arbeitsschritte im Netz mit Fehlerstrom-Schutzeinrichtung**
- Betriebsmittel spannungsfrei machen und die Spannungsfreiheit sicherstellen (fünf Sicherheitsregeln).
- Klemmenkastendeckel entfernen.
- Leitungen von Klemme L und N sowie Schutzleiter abklemmen.
- Schraube für die Elektronik-Masseverbindung abschrauben (Hinweis aus der Betriebsanleitung der zu prüfenden Pumpe beachten).
- Klemme L und N mit einer kurzen Leitung kurzschließen (Hinweis aus der Betriebsanleitung der zu prüfenden Pumpe).
- Messgerät auf 500 V Messspannung einstellen.
- Zwischen Klemme L/N und Erde messen.
  (Herstellervorgaben beachten: max. 1.500 V AC/DC).
  *Achtung: Es darf auf keinen Fall zwischen Außenleiter L und Neutralleiter N gemessen werden!*
- Die kurze Leitung (Brücke) zwischen Klemme L und N entfernen.
- Schraube für die Elektronik-Masseverbindung wieder einschrauben.
- Außenleiter L und Neutralleiter N sowie die Erdleitung montieren.
- Klemmenkastendeckel montieren.
- Sicheren Anlagenzustand herstellen.
- Versorgungsspannung einschalten.

## 4.4.2 Fehlersuche in Steuerungen

Elektromechanische und elektronische Steuerungen fallen aus verschiedenen Gründen aus. Die notwendigen Prüfungen, die eine Elektrofachkraft ausführen kann, hängen von der Bestellung ab.

Grundsätzlich ist zu beachten, dass es sich meist um Arbeiten handelt, die an einer unter Spannung stehenden Anlage ausgeführt werden müssen. Obwohl diese Arbeiten in Steuerstromkreisen nicht als Arbeit unter Spannung (AuS) entsprechend der DGUV Regel 103-011 gelten, ist dennoch eine qualifizierte Ausbildung der Mitarbeiter erforderlich, um Unfälle zu vermeiden.

Bei Ausfall von Funktionen einer Maschine oder eines mit einer elektromechanischen Schaltung gesteuerten Betriebsmittels ist eine strukturierte Arbeitsweise sinnvoll.

**Notwendige Vorbereitungen und Bereitstellungen**
- Schaltungsunterlagen und Funktionsbeschreibungen der Anlage
- Mess- und Prüfgeräte nach der Kategorie der Messaufgabe
- Isoliertes Werkzeug
- Persönliche Schutzausrüstung

**Sicherheitsregeln**
- Fünf Sicherheitsregeln
- Arbeiten unter Spannung
- Verwenden von Handwerkzeugen

**Arbeitsablauf**
- Feststellen der Spannung am Eingang des Systems.
- Sind alle drei Außenleiter vorhanden?
- Ist der Neutralleiter vorhanden? Beachten Sie dazu die Arbeitsanweisung Ihres Unternehmers „Messen von Strömen und Spannungen".
- Ist die Steuerspannung vorhanden?
- Spannung am Eingang des für die Einschaltung zuständigen Schützes prüfen.
- Hauptstromkreise durch Abschalten oder Entfernen der Schutzeinrichtungen spannungsfrei machen, sodass bei Betätigung der Steuerung keine ungewollte Bewegung oder Funktion ausgeführt werden kann, die zu einer Gefährdung führt.

- Fehlerhaften Steuerstromkreis einschalten und feststellen, ob das Schütz anzieht. Beachten Sie dazu die Arbeitsanweisung Ihres Unternehmers „Schütz prüfen".
- Wenn das Schütz anzieht, den Hauptstromkreis einschalten und die Spannung bis zu den Abgangsklemmen verfolgen.
- Spannung weiter bis zum Klemmbrett des Motors verfolgen. Beachten Sie dazu die Arbeitsanweisung Ihres Unternehmers „Motor prüfen".

### 4.4.3 Schütz überprüfen

Schütze, elektromechanische Fernschalter, dienen dazu, ferngesteuert Betriebsmittel zu schalten oder mit einem einpoligen Schalter drei Außenleiter gleichzeitig zu schalten.

Ein Schütz besteht aus drei wesentlichen Teilen:
- der Schützspule,
- den Lastkontakten und
- den Hilfskontakten.

**Prüfen der Funktionsfähigkeit der Schützspule**
*Achtung: Sicherheitsregeln für Arbeiten unter Spannung beachten!*
**Notwendige Geräte**
- Spannungsmessgerät CAT 2 oder CAT 3, je nach Spannungsversorgung der Anlage,
- Schraubendreher,
- Ohmmeter.

**Arbeitsablauf durch Prüfen der vorhandenen Erregerspannung**
- Erregerspannung anhand der Schaltpläne feststellen.
- Spannung mit der Aufschrift auf der Spule vergleichen.
- Spannungsmessbereich auf den Wert aus dem Schaltplan einstellen
- Mit dem Spannungsmessgerät an den Klemmen A1 und A2 die Spannung messen.

**Auswertung**
- Zieht das Schütz nicht an, obwohl eine Spannung entsprechend den Vorgaben des Schaltplans gemessen werden kann, und brummt es auch nicht, so ist die Spule defekt.
- Ist keine Spannung vorhanden, so liegt der Fehler an dem Ansteuerstromkreis.

### Arbeitsablauf durch Prüfen des Widerstands der Schützspule

Eine weitere Möglichkeit zur Fehlererkennung besteht in der Messung des Widerstands der Schützspule. Das geschieht im ausgebauten Zustand des Schützes oder bei einseitig abgeklemmter Spule.

**Arbeitsablauf:**
- Spannungsversorgung der Steuerung freischalten (fünf Sicherheitsregeln).
- Anschluss A1 der Spule abklemmen.
- Ohmmeter auf Durchgangsprüfung oder kleinsten Messbereich einstellen.
- Alternativ zum Ohmmeter einen Durchgangsprüfer verwenden.
- Prüf- oder Messgerät an die Anschlüsse A1 und A2 anschließen.
- Messergebnis notieren.
- Abgeklemmte Leitung wieder anschließen.

**Auswertung**

Bei Widerstandswerten im kleinen Ohmbereich oder bei einem Signal des Durchgangsprüfers ist die Spule in Ordnung.

**Maßnahmen**

Sollte die Spule defekt sein, so ist zu überlegen, ob das gesamte Schütz ausgewechselt werden soll oder ob lediglich die Spule gewechselt wird. In vielen Fällen ist das Auswechseln der Spule eine sinnvolle Alternative zum Auswechseln des gesamten Schützes, insbesondere wenn es sich um Schütze größerer Schaltleistung oder mit vielen angeschlossenen Kontakten handelt.

### 4.4.4 Schütz auswechseln

**Vorarbeiten**
- Bereitstellen der Schaltungsunterlagen,
- Handwerkszeuge, Ersatzteile entsprechend der Ersatzteilliste.

**Arbeitsablauf**
- Spannungsfreiheit herstellen und für die Arbeitszeit sicherstellen. Beachten Sie dazu die Arbeitsanweisung Ihres Unternehmers „fünf Sicherheitsregeln".
- Leitungen an den Enden mit der Kontaktbezeichnung kennzeichnen.
- Leitungen abklemmen.

- Schütz ausbauen.
- Neues Schütz einbauen.
- Leitungen entsprechend den Kontaktbezeichnungen anklemmen.
- Angeklemmte Leitungen auf richtigen Anschluss prüfen.
- Leitungskennzeichnungen entfernen.
- Entfernte Abdeckungen wieder verschließen.
- Werkzeuge und Reststoffe aus dem Anlagenbereich entfernen.
- Sichtkontrolle der Arbeiten und der fertigen Anlage.
- Spannung einschalten.
- Funktion prüfen.
- Geöffnete Anlagenteile sachgerecht verschließen.

### 4.4.5 Temperaturfühler überprüfen

**Funktionsprüfung von Temperaturfühlern**

Für die beschriebene Arbeit müssen Kenntnisse aus folgenden Bereichen vorhanden sein:

- sicherer Umgang mit Handwerkzeug,
- Anwendung der fünf Sicherheitsregeln,
- Messungen an Betriebsmitteln, speziell Widerstandsmessungen,
- Auswerten von Diagrammen und Tabellen aus den Herstellerunterlagen.

Temperaturfühler für Heizungs- und Lüftungsanlagen finden sich in verschiedensten Formen. Es können Anlegefühler, Kanalfühler, Außenfühler oder Raumfühler sein. Alle haben in ihrem Gehäuse einen elektrischen Widerstand, der seinen Widerstandswert in Abhängigkeit von der Temperatur ändert. **Bild 4.2** zeigt zwei Varianten.

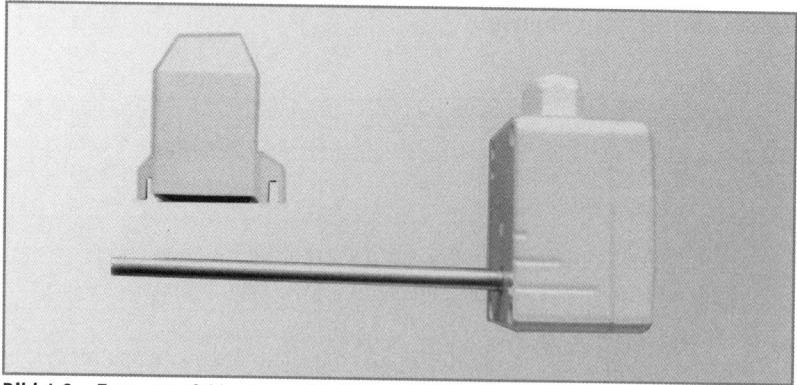

**Bild 4.2** *Temperaturfühler in verschiedenen Ausführungen*

## 4.4 Fehlersuche im elektrischen Teil der Heizungsanlage

Es werden zwei verschiedene Widerstandsarten unterschieden:
- NTC-Widerstände und
- PTC-Widerstände.

Der NTC-Widerstand wird dabei auch *Heißleiter* genannt. Das rührt daher, dass er bei höheren Temperaturen, wenn es also heiß wird, besser leitet als im kalten Zustand (**Tabelle 4.1**).

Dem entgegen steht der *Kaltleiter*, der bei niedrigeren Temperaturen besser leitet. Sein Widerstand steigt bei steigender Temperatur. Metalle verhalten sich bei Temperaturänderung wie die Kaltleiter. Einer der bekanntesten PTC-Widerstände ist der Pt100. In **Tabelle 4.2** sind die Widerstandswerte in Abhängigkeit von der Temperatur abgedruckt.

PTC-Widerstände werden auch in Motoren eingesetzt um eine Überlastung zu erkennen.

| Temperatur in °C | Widerstand in kΩ |
|---|---|
| −50 | 667,83 |
| −40 | 335,67 |
| −30 | 176,68 |
| −20 | 96,67 |
| −10 | 55,30 |
| 0 | 32,65 |
| 10 | 19,90 |
| 20 | 12,49 |
| 25 | 10,00 |
| 30 | 8,06 |
| 40 | 5,32 |
| 50 | 3,60 |
| 60 | 2,49 |
| 70 | 1,75 |
| 80 | 1,26 |
| 90 | 0,92 |
| 100 | 0,68 |
| 110 | 0,61 |

**Tabelle 4.1** *Wertetabelle eines NTC-Widerstandsfühlers mit einem Nennwert von 10 kΩ*

| Temperatur in °C | Widerstand in kΩ |
|---|---|
| −30 | 88,222 |
| −20 | 92,160 |
| −10 | 96,086 |
| 0 | 100,000 |
| 10 | 103,903 |
| 20 | 107,794 |
| 30 | 111,673 |
| 40 | 115,541 |
| 50 | 119,397 |
| 60 | 123,242 |
| 70 | 127,075 |
| 80 | 130,897 |
| 90 | 134,707 |
| 100 | 138,506 |
| 110 | 142,293 |
| 120 | 146,068 |
| 130 | 149,832 |
| 140 | 153,584 |
| 150 | 157,325 |
| 160 | 161,054 |
| 170 | 164,772 |
| 180 | 168,478 |
| 190 | 172,173 |
| 200 | 175,856 |

**Tabelle 4.2** *Wertetabelle eines PTC-Widerstandsfühlers PT 100*

Um die Funktionsfähigkeit eines Temperaturfühlers prüfen zu können, werden zwei Messgeräte benötigt:
1. Ein Thermometer, mit dem die Temperatur am Fühlerort festgestellt werden kann.
2. Ein Ohmmeter, mit dem der Widerstand des Fühlers gemessen werden kann.

Das Thermometer kann auch ein anzeigendes Thermometer sein, das die Temperatur des Mediums misst.

Eine Überprüfung wird folgendermaßen vorgenommen:
- Spannung zur Anlage anschalten, damit keine unerwarteten Reaktionen in der Regelung eintreten,
- Fühlergehäuse öffnen oder Anschlussfeld des Reglers oder Schaltschrank öffnen,
- Leitung identifizieren und die Adern, mindestens jedoch eine Ader, abklemmen,
- Temperatur am Fühlerort ermitteln, aus der Betriebsanleitung des Regelkreises oder Fühlers den ungefähren Widerstandswert abschätzen,
- Multimeter auf Stellung „OHM" bringen und den ungefähr zu erwartenden Widerstandswert abschätzen und den Messbereich einstellen,
- Multimeter an die beiden Anschlüsse des Fühlers anschließen,
- Messwert ablesen und im Arbeitsprotokoll notieren,
- Messwert mit dem möglichen Sollwert vergleichen. Bei Abweichung der gemessenen Temperatur und der aus dem Widerstandswert ableitbaren Temperatur die möglichen Fehler aus den verwendeten Messverfahren beurteilen, bei Bedarf Fühler austauschen, Leitungen wieder anklemmen und Gehäuse verschließen,
- Funktionstest der Anlage durchführen.

### 4.4.6 Motor auswechseln

Für die beschriebene Arbeit müssen Kenntnisse aus folgenden Bereichen vorhanden sein:
- sicherer Umgang mit Handwerkzeug,
- Anwendung der fünf Sicherheitsregeln,
- Herrichten von Leitungen und Adern zum Anschluss an einen Motor (Biegen von Ösen),
- Zugentlastung von Leitungen,
- Abdichten von Betriebsmitteln gegen Eindringen von Wasser und Fremdkörpern,

## 4.4 Fehlersuche im elektrischen Teil der Heizungsanlage

- Verschalten eines Kurzschlussläufermotors in Stern- oder Dreieckschaltung,
- Einstellungen an Motorschutzschaltern und Motorschutzrelais sowie Motorvollschutz-Geräten,
- Beurteilung der Belastbarkeit von Leitungen,
- Durchführung von Prüfungen an Betriebsmitteln,
- Durchführung von Prüfungen an elektrotechnischen Anlagen.

**Anzuwendende Sicherheitsregeln und technische Regeln**
- Fünf Sicherheitsregeln,
- Handwerkzeug,
- Betriebsanleitung der Maschine, deren Teil der Motor ist.

**Material, Werkzeuge, Prüfgeräte, Messgeräte**
- Schraubenschlüssel oder Steckschlüssel,
- Brücken für Klemmbrett,
- Unterlegscheiben,
- Federringe,
- Muttern.

**Arbeitsschritte Motor abklemmen**
- Motorstromkreis spannungsfrei machen.
- Gegen Wiedereinschalten sichern.
- Öffnen des Klemmbretts.
- Spannungsfreiheit prüfen.
- Belegung notieren.
- Lösen der Muttern an den Klemmen.
- Abheben der Unterlegscheiben, Anschlussleitungen und Brücken.
  ⚠ *Muttern, Scheiben und Brücken sicher aufbewahren*
- Adern gerade biegen.
- Kabelverschraubung lösen.
- Adern vorsichtig aus dem Klemmkasten ziehen.

**Motor neu anschließen**
Der Neuanschluss des Motors erfolgt unter Berücksichtigung der Schaltungsart. Die **Bilder 4.3** und **4.4** zeigen verschiedene Schaltungsarten. Die Arbeiten werden wie folgt weitergeführt:
- Kabelverschraubung in den neuen Klemmkasten einschrauben,
- Leitung einführen und Kabelverschraubung anziehen.
  ⚠ *Zugentlastung berücksichtigen,*

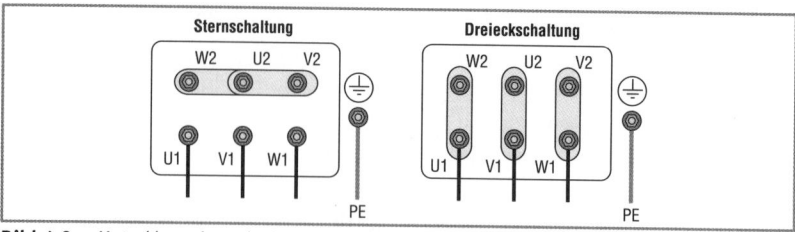

**Bild 4.3** Motorklemmbrett in Sternschaltung und Dreieckschaltung

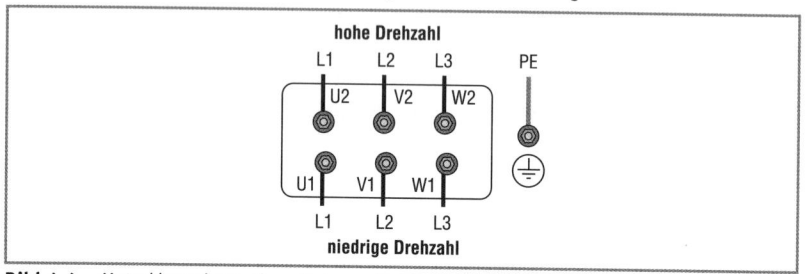

**Bild 4.4** Motorklemmbrett eines Motors mit getrennten Wicklungen für zwei Drehzahlen

- Unterlegscheiben auflegen.
- Kabelschuh oder Öse der Außenleiter entsprechend der Notizen auflegen.

  ⚠ *Die Adern so verlegen, dass keine Quetschung entsteht.*

- Unterlegscheibe auflegen.
- Federring auflegen.
- Mutter aufdrehen und anziehen (Anzugsmoment beachten).
- PE-Leiter anschießen.

  ⚠ *Vor dem Auflegen des Schutzleiters prüfen, ob die separate Messung der durchgängigen Verbindung des PE-Leiters möglich ist.* Hat der Motor einen festen Kontakt mit dem Potentialausgleich, muss die Messung der Durchgängigkeit des PE-Leiters erfolgen, bevor er am Motor angeklemmt wird,

- Prüfung vorbereiten.

  ⚠ *PE-Leiter gegen Selbstlockern sichern.*

## Prüfschritte

Folgende Feststellungen sind zu treffen:
- Die Anschlussart entspricht dem Auftrag, die Schrauben sind fest angezogen, die Adern werden nicht gequetscht, die Leitungseinführung ist zugentlastet, die Leitungseinführung ist dicht.

- Die Schutzleiterverbindung ist geprüft.
- Die Isolationsfähigkeit ist gegeben, zum Beispiel durch eine Schutzleiter-Differenzstrommessung.
- Die Abschaltung im Fehlerfall ist durch Auslösen des Fehlerstromschutzschalters oder Messen der Schleifenimpedanz (abhängig vom Netzsystem) gewährleistet.
- Stromaufnahme des Motors ist zu messen.
- Die Einstellwerte der Schutzschalter sind mit der Stromaufnahme und dem Bemessungsstrom des Motors zu vergleichen. Die Absicherung der Zuleitung stimmt im Hinblick auf die Belastbarkeit der Leitung?
- Dokumentation der Prüfung ist erstellt und dem Kunden übergeben.

## 4.5 Elektrischer Anschluss einer Umwälzpumpe

Der Anschluss von Betriebsmitteln in einem öffentlichen Netz muss unter Beachtung der vertraglichen Regeln zwischen dem Verteilungsnetzbetreiber (VNB) und dem Anschlussnehmer und den damit verknüpften technischen Anschlussbedingungen (TAB) erfolgen. Diese geben für den Anschluss von Betriebsmitteln Grenzwerte vor.

Darüber hinaus sind die Vorgaben des Herstellers zu beachten. Das gilt insbesondere für die Prüfung der Betriebsmittel.

Für den Anschluss stehen drei grundsätzlich verschiedene Varianten zur Verfügung:
1. Der Anschluss erfolgt über eine in unmittelbarer Nähe der Pumpe gelegene Steckdose,
2. der Anschluss erfolgt an eine Leitung der festen Installation, die bis zum Montagepunkt der Pumpe geführt ist oder
3. der Anschluss erfolgt über einen Anschlusskasten an der Wand.

### 4.5.1 Herstellervorgaben

Die Vorgaben des Herstellers für den elektrischen Anschluss sind anhand der Montageanleitung festzustellen:
- Vorschriften des VNB einhalten,
- Typenschildangaben bei Auswechseln der Pumpe vergleichen,
- Anschlussschema „Pumpentyp" beachten,
- Angaben zur Isolationswiderstandsmessung feststellen,
- Info über weitere Ausbaumodule.

Die auf dem Leistungsschild angegebenen elektrischen Daten müssen mit der vorhandenen Stromversorgung übereinstimmen.

**Beispiel für technische Daten einer Pumpe**
(Typenschild, Auszug Montageanleitung):
Grundfos E-Pumpe UPE, Serie 2000, 25–40 (max. ca. 100 W)
Versorgungsspannung 1 x 230...240 V, −10%/+6%, 50 Hz, PE
Schutzart IP42
Wärmeklasse H
Umgebungstemperatur 0 °C bis + 40 °C
Temperaturklasse TF 110 nach CEN 335-2-51
Elektromagnetische Verträglichkeit EN 61000-6-2, EN 61000-6-3
Ableitstrom: Das Netzfilter der Pumpe verursacht während des Betriebes einen Ableitstrom zur Erde < 3,5 mA.
Um Kondenswasserbildung im Klemmenkasten und Stator zu verhindern, muss die Medientemperatur immer höher als die Umgebungstemperatur sein.

**Anschluss über eine Steckdose**

Der Anschluss über eine Steckdose darf nur erfolgen, wenn die Pumpe verpolungssicher ist. Bei verpolungssicherer Pumpe kann eine flexible Anschlussleitung mit einem Schukostecker verwendet werden. Sonst muss eine dreipolige CEE-Steckdose mit Stecker verwendet werden. Diese Anschlussleitungen sind mit Standardlängen im Fachhandel zu erwerben.

Voraussetzung für den Anschluss einer flexiblen Leitung an das Klemmbrett ist eine Kabelverschraubung mit Zugentlastung an dem Anschlusskasten der Pumpe.

Die Auswahl ist abhängig vom
1. Klemmbereich sowie
2. dem Einschraubgewinde und
3. dem Vorhandensein einer Zugentlastung.

Die Herstellung einer Anschlussleitung ist in einer separaten Arbeitsanweisung beschrieben.

### 4.5.2 Arbeitsschritte zum Anschluss einer Umwälzpumpe

**Arbeitsvorbereitung**

**Notwendiges Material:**
- Pumpe,
- Kabelverschraubung mit Zugentlastung,

- fertig konfektionierte Anschlussleitung mit Stecker und Auswahl des geeigneten Leitungsaufbaus und Leiterquerschnitts,
- Auswahl von Leitungen im Hinblick auf die Umgebungsbedingungen,
- Auswahl von Leiterquerschnitten flexibler Anschlussleitungen,
- Auswahl von Steckvorrichtungen in Niederspannungsnetzen,
- Aderendhülsen oder Kabelschuhe, sofern nicht schon fertig an der Anschlussleitung konfektioniert.

**Notwendiges Werkzeug:**
- Schraubendreher,
- Maulschlüssel und

sofern die Aderenden noch nicht hergerichtet sind:
- Abmantelwerkzeug,
- Abisolierzange,
- Presswerkzeug.

**Arbeitsschritte nach dem Einbau der Pumpe**

Nach dem Einbau der Pumpe kann mit den elektrotechnischen Arbeiten begonnen werden:
- Leitung herrichten, wenn diese noch nicht fertig konfektioniert ist. Konfektionieren einer Anschlussleitung,
- Herrichten von Leiterenden mit Aderendhülsen oder Kabelschuhen,
- Klemmbrett öffnen,
- Kabelverschraubung einschrauben,
- Überwurfmutter mit Klemmring und Dichtgummi über die Leitung stülpen,
- Leitung in den Anschlussraum führen, Knicke vermeiden,
- Leiterenden anklemmen an L1→ Braun, N→ Blau, PE→ Grün-Gelb. Einstecktiefe und Anzugmoment beachten,
- Lage der Leitungen im Klemmkasten auf Quetschfreiheit prüfen,
- Klemmkastenabdeckung montieren,
- Anschlüsse und Zugentlastung durch moderaten Zug an der Leitung prüfen,
- Sitz und Abdichtung der Abdeckung prüfen.

**Prüfen der Arbeit**

Nachdem die Arbeit fertig gestellt ist, erfolgt die Prüfung. Dies geschieht in zwei Etappen. Zunächst ist der Anschluss der Anschlussleitung an das Betriebsmittel gemäß DIN VDE 0701-0702 zu prüfen (auf die Prüfung von Betriebsmitteln wird in Kapitel 10 des ersten Bandes dieses Buches ausführlich eingegangen [1]). Dabei sind die Herstellervorschriften zu beachten. Das gilt insbesondere, wenn sich elektronische Bauteile in der Pumpe befinden.

Im zweiten Prüfschritt ist die Integration des Betriebsmittels in die fertige Anlage zu prüfen:

- Prüfen der Potentialausgleichsverbindung der Heizungsanlage durch Sichtprüfung,
- Prüfen der Spannungsversorgung der Steckdose im Hinblick auf die Höhe der vorgeschalteten Schutzeinrichtung gegen Kurzschluss und Überlast und Vergleich mit den Vorgaben des Pumpenherstellers,
- Prüfen der vorgeschalteten Schaltgeräte auf Tauglichkeit, Belastbarkeit und Funktion,
- Prüfen, ob die Anlage komplett gegen Berührung geschützt ist,
- Dokumentation der Prüfungen,
- Inbetriebnahme der Pumpe und Funktionsprüfung der Schalt- und Sicherheitsfunktionen,
- Vorgaben des Herstellers für den elektrischen Anschluss anhand der Montageanleitung feststellen.

### 4.5.3 Herstellen eines zusätzlichen Schutzpotentialausgleichs für eine metallische Abgasanlage

Metallische Abgasanlagen sind als Bestandteil des Gebäudes in den Schutzpotentialausgleich einzubeziehen. Dazu ist der Schutzpotentialausgleichsleiter am Fußpunkt des Kamins oder des mit dem Kamin leitfähig verbundenen Anschlussstückes zu verbinden. Die Leitung ist direkt von der Haupterdungsschiene ohne Unterbrechung (ungeschnitten) zu verlegen. Der Querschnitt ist auf Basis der DIN VDE 0100-540 [37] in der jeweils gültigen Fassung zu ermitteln:

- $6\,mm^2$ Cu oder
- $16\,mm^2$ Al oder
- $50\,mm^2$ St.

Ist das Gebäude mit einer Blitzschutzanlage ausgestattet, so richtet sich der Querschnitt des Leiters nach dem für den Blitzschutzpotentialausgleich geforderten Leiterquerschnitt. Dieser beträgt mindestens $16\,mm^2$ Cu oder $100\,mm^2$ St.

In den **Bildern 4.5** und **4.6** sind die verschiedenen Varianten der Einbeziehung in den Schutzpotentialausgleich und den Blitzschutz dargestellt.

## 4.5 Elektrischer Anschluss einer Umwälzpumpe

1 Erdungsanlage
2 Erdungsleiter
3 Haupterdungsschiene
4 Schutzpotentialausgleichsleiter
5 Feuerstätte mit elektrischem Anschluss

Bei metallischen Abgasanlagen ist diese grundsätzlich in den Schutzpotentialausgleich einzubeziehen. Das gilt unabhängig davon, ob die Feuerstätte einen elektrischen Anschluss hat oder nicht.

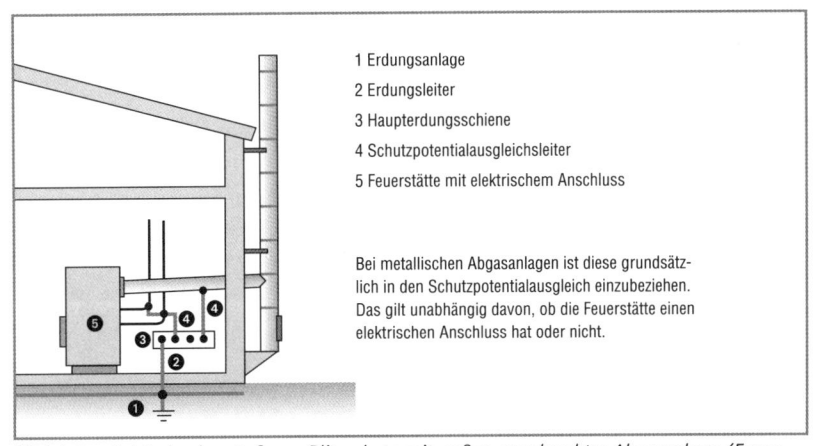

**Bild 4.5** *Gebäude ohne äußeren Blitzschutz mit außen angebrachter Abgasanlage (Feuerstätte mit elektrischem Anschluss)*
Quelle: Broschüre Blitzschutz an Abgasanlagen – Blitzschutzsystem, Erdung, Potenzialausgleich. Herausgeber: BDH – Fachabteilung Abgastechnik (VSE im BDH), VDE-Verband der Elektrotechnik Elektronik Informationstechnik e.V. und Zentralverband Haustechnik (ZVH).

1 Erdungsanlage
2 Erdungsleiter
3 Haupterdungsschiene
4 Schutzpotentialausgleichsleiter
5 Feuerstätte ohne elektrischen Anschluss

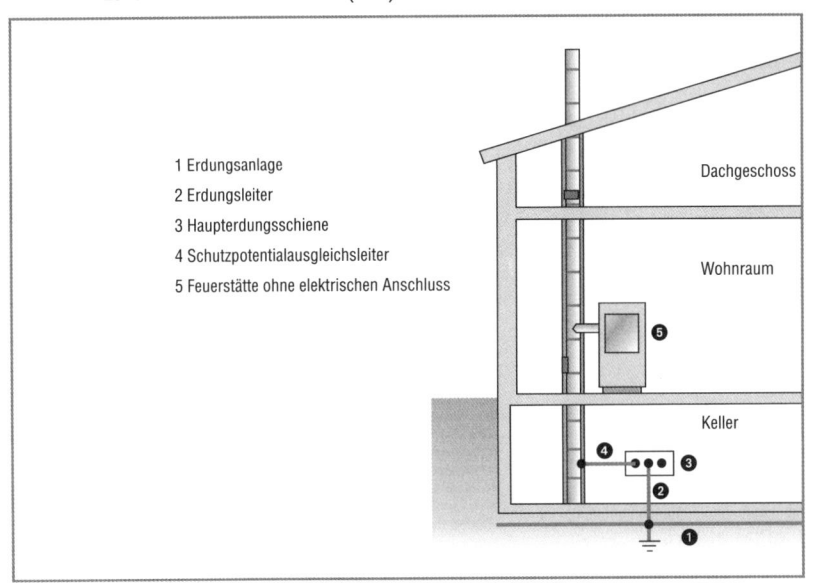

**Bild 4.6** *Gebäude ohne äußeren Blitzschutz und Abgasanlage in baulicher Anlage (z.B. Kaminofen ohne elektrischen Anschluss)*
Quelle: siehe Bild 4.5

## 4.6 Übungsaufgaben

**Aufgabe 4.1**
Welche Regeln der Berufsgenossenschaft sollten Sie in Ihrem Arbeitsbereich besonders beachten?

**Aufgabe 4.2**
Erklären Sie die Anbringungsart X?

**Aufgabe 4.3**
Welche Mindestschutzart gilt für die Betriebsmittel in einer elektrischen Anlage?

**Aufgabe 4.4**
Welche Bedingung muss eine Elektrofachkraft erfüllen, wenn sie eine elektrische Anlage eines Gebäudes errichten oder erweitern möchte?

**Aufgabe 4.5**
Welche Anforderungen muss eine Einrichtung zum Freischalten einer Feuerungsanlage erfüllen?

**Aufgabe 4.6**
Wie hoch darf die Steuerspannung in einer Heizungsanlage maximal sein?

**Aufgabe 4.7**
Wie ist die Leitung einer Gastherme zu führen, wenn diese über der Badewanne montiert werden soll?

**Aufgabe 4.8**
In welcher Schutzart muss ein Betriebsmittel gebaut sein, wenn es im Bereich 1 eines Badezimmers installiert werden soll?

**Aufgabe 4.9**
Welche Bauteile einer Heizungsanlage sind in den Schutzpotentialausgleich einzubeziehen?

**Aufgabe 4.10**
Welches Schutzgerät löst im Falle eines Körperschlusses aus?

# 5 Beispielhafte Tätigkeiten Küchen/Möbel

**Lernziele dieses Kapitels**
Sie lernen, die elektrischen Betriebsmittel, wie Herde, Leuchten und Betriebsmittel in Möbeln fachgerecht anzuschließen. Ebenso lernen Sie, wie Sie die notwendigen Prüfungen durchführen, die zum Abschluss einer elektrotechnischen Arbeit erforderlich sind, um den sicheren Zustand der Anlage, der Maschine oder des Betriebsmittels zu gewährleisten.

## 5.1 Besondere Gefahren im Arbeitsbereich

### 5.1.1 Installationszonen in Küchen und Wohnräumen

Elektrische Leitungen werden in Gebäuden mit Wohnungen oder mit einer ähnlichen Nutzung, wie zum Beispiel in Büros mit festgelegten Installationszonen verlegt. Die Planungsnorm DIN 18015-3 [52] findet in diesem Bereich Anwendung. Die Kenntnis der Leitungswege ist für einen Handwerker, der an Wänden oder in Decken und Fußböden bohren muss, unerlässlich. Die Installationszonen unterscheiden zwei Raumarten, wie die **Bilder 5.1, 5.2** und **5.3** zeigen.

Die Installationszonen in den Decken und auf dem Fußboden sind in beiden Raumarten gleich. Die Installationszonen in den Wänden unterscheiden sich. **Bild 5.1** zeigt die Installationszonen in Wänden von Küchen. Wichtig ist die obere horizontale Installationszone. Die Befestigungspunkte von Hängeschränken finden sich oftmals in diesem Bereich. **Bild 5.2** zeigt die Installationszonen in den übrigen Räumen. Zwischen den Installationszonen installierte Geräte werden üblicherweise mit einer senkrecht geführten Leitung von oben oder unten versorgt.

Die Verlegung in den Verlegezonen im Fußboden und unter der Decke wurden erst in den letzten Jahren in der in **Bild 5.3** gezeigten Form festgelegt. In älteren Häusern muss damit gerechnet werden, dass die Leitungen diagonal unter der Decke und im Fußboden verlegt sind.

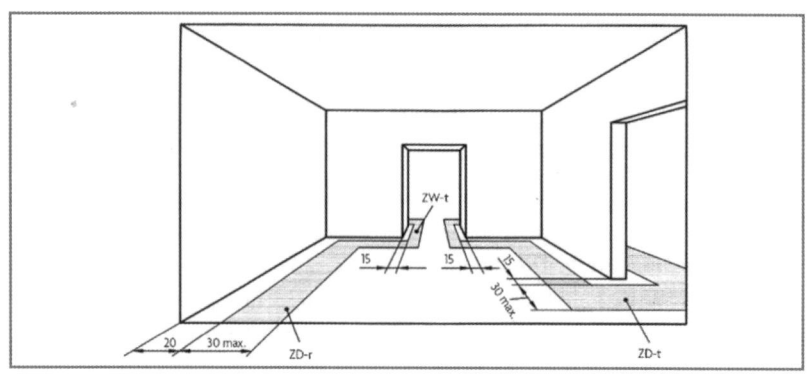

**Bild 5.1**  Installationszonen in den Wänden von Küchen  Quelle: DIN 18015-3

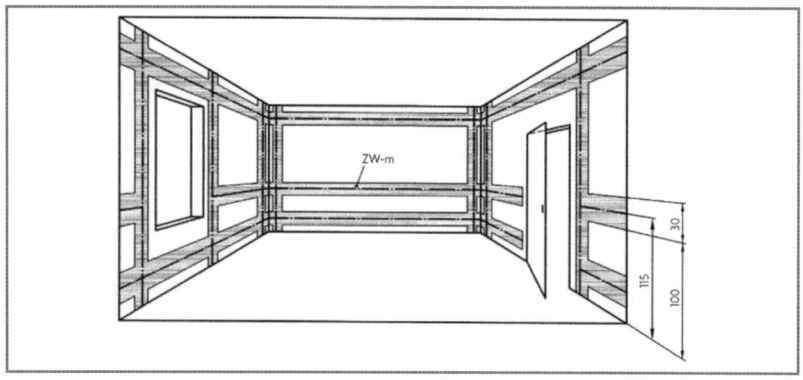

**Bild 5.2**  Installationszonen in in übrigen Räumen  Quelle: DIN 18015-3

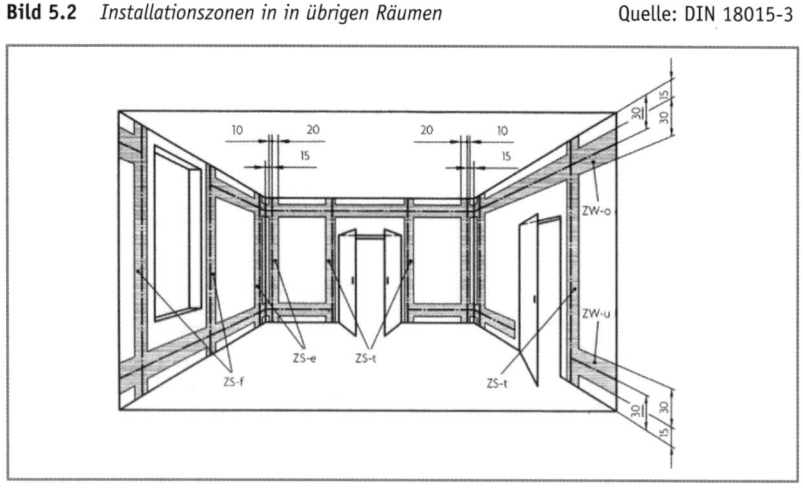

**Bild 5.3**  Installationszonen in Fußböden  Quelle: DIN 18015-3

5.1 Besondere Gefahren im Arbeitsbereich 131

Erkärung der Abkürzungen zu den Bildern 5.1 bis 5.3:
ZS-f = Verlegezone am Fenster
ZS-e = Verlegezone in der Raumecke
ZS-t = Verlegezone an der Tür
ZE-u = Verlegezone unten
ZW-o = Verlegezone oben
ZW-m = Verlegezone Wandmitte (Küchenarbeitsplattenhöhe)
ZD-r = Verlegezone im Fußboden oder in der Decke, wandorientiert
ZD-t = Verlegezone durch die Türmitte
ZW-t = Verlegezone an den Türleibungen

## 5.1.2 Schutzbereiche um Duschen und Badewannen

In Räumen mit Badewanne und Dusche dürfen Geräte innerhalb festgelegter Bereiche nicht installiert werden. Für den Küchen- und Möbelmonteur ist der Schutzbereich um die Badewanne oder Dusche wichtig. Bei der Installation ist DIN VDE 0100-701 [50] zu berücksichtigen. Der Bereich der Badewanne endet im Abstand von 0,6 m vom Badewannenrand. **Bild 5.4** zeigt die Bereiche im Badezimmer.

### 5.1.2.1 Einteilung der Bereiche in einem Badezimmer
- Der Bereich 0 umfasst das Innere der Badewanne oder Dusche.
- Der Bereich 1 wird durch die senkrechte Fläche um die Bade- und Duschwanne begrenzt. Ist keine Duschwanne vorhanden, so verläuft der Bereich 1 wie die Mantelfläche eines Zylinders mit einem Abstand von 1,2 m um den Brausekopf herum. Die Höhe von Bereich 1 beträgt 2,25 m.

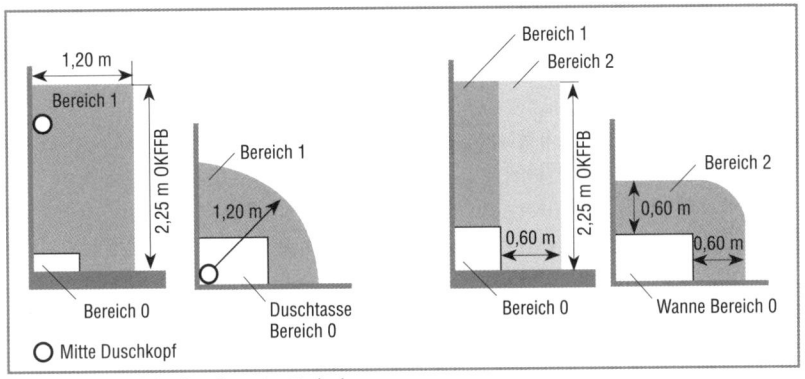

**Bild 5.4** *Bereichseinteilung im Badezimmer*

■ Der Bereich 2 schließt an den Bereich 1 an und hat eine Breite von 60 cm. Hat die Dusche keine feste Abtrennung, endet der Bereich im Abstand von 1,2 m vom festen Duschkopf.

### 5.1.2.2 Leitungen in Räumen mit Badewanne oder Dusche

Leitungen für Betriebsmittel in den Bereichen 0, 1 und 2 dürfen nur senkrecht von oben oder waagerecht durch die angrenzende Wand zur Rückseite des Gerätes geführt werden, wenn das elektrische Verbrauchsmittel über der Bade- oder Duschwanne – bei Duschen ohne Wanne über der Standfläche – fest montiert ist, z. B. Wassererwärmer.

Erlaubt in den einzelnen Bereichen sind:

**Im Bereich 0:**

■ Geräte mit Schutzkleinspannung $U_L \leq 12\,V$ AC oder $30\,V$ DC, die fest eingebaut und fest angeschlossen sind. Sie müssen nach Herstellerangaben für den Einsatz in diesem Bereich geeignet sein.

**Im Bereich 1:**

■ Die Betriebsmittel müssen ortsfest angebracht und
■ fest angeschlossen sein. Diese elektrischen Verbrauchsmittel müssen für die Errichtung nach Herstellerangaben für die Verwendung und Montage im Bereich 1 geeignet sein. Solche elektrischen Verbrauchsmittel sind zum Beispiel
– Whirlpooleinrichtungen und
– Duschpumpen.

Erlaubt sind auch Betriebsmittel, die mit SELV oder PELV mit einer Nennspannung nicht größer als 25 V AC oder 60 V DC betrieben werden.

Darüber hinaus sind Betriebsmittel wie Lüfter, Handtuchtrockner oder Wassererwärmer im Bereich 1 erlaubt.

**Im Bereich 2:**

■ Installationsgeräte, ausgenommen Steckdosen, sind erlaubt.
■ Steckdosen, die durch Kleinspannung mittels SELV oder PELV geschützt sind, dürfen installiert sein. Die Stromquelle muss außerhalb der Bereiche 0 und 1 errichtet sein, Rasiersteckdosen-Einheiten sind erlaubt.
■ Installationsgeräte, einschließlich Steckdosen für Betriebsmittel der Signal- und Kommunikationstechnik, müssen durch Kleinspannung mittels SELV oder PELV geschützt sein.

## 5.1.2.3 Schutzarten in den Bereichen
Folgende Schutzarten werden gefordert:
- Bereich 0: Schutzart IPX7,
- Bereich 1: Schutzart IPX4,
- Bereich 2: Schutzart IPX4.

Bei Auftreten von Strahlwasser zum Beispiel in öffentlichen Bädern müssen Betriebsmittel der Schutzart IPX5 entsprechen.

Neben den allgemeinen Installationsregeln aus den Normen sind auch die Montageanweisungen der Hersteller zu beachten. Diese schreiben bei der Montage von Spiegelschränken Mindestabstände vor. Bild 5.5 zeigt einen beispielhaften Auszug aus einer Montageanleitung.

---

**SICHERHEITSHINWEISE**
- Montage nur durch fachkundige Personen.
- Warnung: Bei fehlerhafter Montage besteht Gefahr!
- Prüfen, ob die Wand für die Montage geeignet ist und die Befestigungsmittel für die auftretenden Kräfte verwendbar sind.
- Bitte lesen Sie die Montageanleitung vor der Badmontage sorgfältig durch.
- Das beigefügte Befestigungsmaterial ist nur für massive, ausreichend tragfähige Wände ausgelegt.
- Elektroinstallationen dürfen nur vom Elektrofachmann nach DIN VDE 0100-701 (VDE 0100-701):2008-10 durchgeführt werden.
- Elektrifizierte Spiegelschränke/Flächenspiegel müssen einen Mindestabstand von 60 cm zu Badewanne/Dusche aufweisen.
- Die Sicherheitsvorschriften und Normen der jeweiligen Länder sind zu beachten.

---

**Bild 5.5** *Auszug aus einer Montageanleitung für Spiegelschränke*

## 5.1.3 Anschließen von Betriebsmitteln

### Allgemeine Anforderungen

Ortsfeste Betriebsmittel, deren Standort zum Zwecke des Anschließens, Reinigens oder dergleichen vorübergehend geändert werden muss, z.B. Herde, Waschmaschinen, Speicherheizgeräte oder Einbaueinheiten von Unterflur-Installationen in Doppelbodenplatten oder Betriebsmittel, die bei bestimmungsgemäßem Gebrauch in begrenztem Ausmaß Bewegungen ausgesetzt sind, müssen mit flexiblen Leitungen angeschlossen werden.

Ortsveränderliche Betriebsmittel müssen immer mit flexiblen Leitungen angeschlossen werden. Dies gilt nicht, wenn sie über Schleifleitungen angeschlossen werden. Betriebsmittel, die Schwingungen ausgesetzt sind, müssen ebenfalls mit flexiblen Leitungen angeschlossen werden.

Die Leitungen können über Steckvorrichtungen oder über Klemmen in ortsfesten Gehäusen, z. B. über Geräteanschlussdosen, angeschlossen werden.

Bestimmte Bauarten flexibler Leitungen dürfen nach DIN VDE 0298-3 (VDE 0298-3) [7] und DIN VDE 0298-300 (VDE 0298-300) [8] auch fest verlegt werden.

Das ist zum Beispiel die Steuerleitung H05VV-F, die für feste Verlegung, sowie für gelegentliche, nicht ständig wiederkehrende Bewegungen, auch in nassen Räumen geeignet ist.

Beim Anschluss von Betriebsmitteln sind neben der Funktionsfähigkeit der Betriebsmittel, im Hinblick auf Versorgungsspannung und Absicherung gegen Kurzschluss und Überlast, auch der Schutz gegen Eindringen von Feuchtigkeit an der Anschlussstelle und der Berührungsschutz sowie die mechanische Festigkeit der Verbindung zu beachten. Im Folgenden soll auf die zuletzt genannten Bedingungen eingegangen werden.

### 5.1.4 Besondere Vorschriften für Leiterquerschnitte und Leitungsarten

**Leuchten für Kleinspannung**

DIN VDE 0100-715 [12] schreibt die Mindestquerschnitte von Leitern bei der Versorgung von Kleinspannungsstromkreisen vor. Der Mindestquerschnitt muss betragen:

- $1,5\,mm^2$ Cu für die oben genannten Kabel- und Leitungsanlagen, jedoch darf für flexible Leitungen bis zu einer maximalen Länge von 3 m ein Querschnitt von $1\,mm^2$ Cu verwendet werden,
- $4\,mm^2$ Cu aus Gründen der mechanischen Festigkeit für flexible oder isolierte frei hängende Leiter,
- $4\,mm^2$ Cu bei Leitungen in Gemischtbauweise, bestehend aus einem Außengeflecht aus verzinntem Kupfer mit einem inneren Kern aus einem Werkstoff hoher Zugbelastbarkeit.

**Möbel**

Bei der Versorgung von Betriebsmitteln in Möbeln sind Leitungsarten und Querschnitte in DIN VDE 0100-724 [13] vorgeschrieben. Die Verlegevor-

schriften sind in feste Verlegung und feste und bewegliche Verlegung unterteilt.
Für feste Verlegung gilt:
- Mantelleitungen NYM,
- Kunststoffaderleitungen H07V-U, in nicht metallenen Installationsrohren mit der Kennzeichnung „aACF".

Für feste und bewegliche Verlegung gilt:
- flexible Schlauchleitungen mindestens H05RR-F,
- Kunststoff-Schlauchleitungen mindestens H05VV-F.

Für Leiterquerschnitte in Möbeln gilt:
- Der Leiterquerschnitt muss mindestens 1,5 mm² Cu betragen.
- Der Leiterquerschnitt darf auf 0,75 mm² Cu verringert werden, wenn die einfache Leitungslänge 10 m nicht überschreitet und keine Steckvorrichtungen zum weiteren Anschluss von Verbrauchsmitteln vorhanden sind.

### 5.1.5 Zugentlastung

Jede Leitung, die in ein Betriebsmittel eingeführt wird, muss gegen Zug entlastet werden. Diese Zugentlastung kann dadurch erfolgen, dass eine fest verlegte Leitung direkt in ein fest installiertes Betriebsmittel eingeführt wird. Eine Zugentlastung ist erforderlich, damit die Anschlussklemmen der Betriebsmittel keiner zusätzlichen mechanischen Belastung ausgesetzt werden. Dabei kann die Zugentlastung auf verschiedene Arten erreicht werden:
- mit einer separaten Zugentlastungsschelle,
- mit einer Zugentlastung in Verbindung mit der Abdichtung gegen Feuchtigkeit und Fremdkörper,
- mit einer Zugentlastung direkt vor der Einführung des Kabels in das Betriebsmittel.

Die Zugentlastung hat die Aufgabe, die Klemmstelle vor Zug der Leitung zu schützen. Sollte dennoch einmal diese Zugentlastung versagen, so ist es zum Schutz der Nutzer sinnvoll, dass die Leitungen so angeschlossen sind, dass der Schutzleiter beim Herausziehen der Leitung als letzter Leiter von seiner Klemme abreißt. Dazu ist er länger zu lassen, als alle anderen Leiter.

### 5.1.6 Leiteranschlüsse

Die Anschlüsse der Leiter in den Betriebsmitteln erfolgen entweder über Klemmen oder über Schrauben. Entsprechend der Anschlussart sind die Leiter herzurichten. Schutzleiteranschlüsse sind dabei grundsätzlich gegen

Selbstlockern zu sichern. Das geschieht zum Beispiel durch einen Federring oder eine Zahnscheibe. Auch in Betriebsmitteln ist der Schutzleiter so anzuschließen, dass er bei Versagen der Zugentlastung zuletzt abreißt.

### 5.1.7 Leiterverbindungen

Leiterverbindungen sind ausschließlich in Verteilerdosen oder in dafür vorgesehenen Klemmräumen von Betriebsmitteln erlaubt. Die Verbindungen müssen für Prüfungen der Anlage zugänglich sein. Die Verteilerdosen müssen befestigt sein und die eingeführten Leitungen gegen Zug auf, die in der Verteilerdose befindlichen, Klemme entlastet sein. Die Befestigungspunkte der Leitung liegen nicht weiter als 5 cm von der Einführungsstelle entfernt. Bei Verteilerdosen in der Schutzart IP54 und höher können auch flexible Leitungen eingeführt werden, wenn eine Kabelverschraubung mit Zugentlastung verwendet wird.

### 5.1.8 Verteilerdosen

Verteilerdosen, oft auch Abzweigdosen genannt, dienen dazu, Stromkreisleitungen zu verteilen. Sie sind zugänglich zu installieren. Sollten sie nicht direkt sichtbar sein, ist eine Kennzeichnung erforderlich. Das ist besonders wichtig, wenn sich Verteilerdosen in abgehängten Decken oder unter Doppelböden befinden. Auf eine örtliche Kennzeichnung kann verzichtet werden, wenn die Verteilerdosen lagerichtig in einen Revisionsplan eingetragen sind.

## 5.2 Installation von Betriebsmitteln in Möbeln

### 5.2.1 Schalter und Steckdosen

Die Installation von Schaltern in Möbeln geschieht, wie auch in anderen Fällen, in Gerätedosen aus Isolierstoff. Da in Möbeln eine besondere Brandgefahr besteht, müssen diese für den Möbeleinbau geeignet sein. Diese Gerätedosen tragen das Kennzeichen H in einem Dreieck. Sie müssen gegen Beschädigung geschützt werden. Das kann zum Beispiel mithilfe eines Holzrahmens, der um die Gerätedose geschraubt wird, geschehen. Bitte beachten Sie auch die Aufschriften zur maximalen Belegung der Gerätedose. Die maximal zu verwendende Aderzahl ist bezogen auf den jeweiligen Querschnitt, der in der Gerätedose angegeben ist. Sie darf nicht überschritten werden.

### 5.2.2 Leuchten

Leuchten in Möbeln bergen eine besondere Brandgefahr. Die Montagevorschriften der Hersteller sind deshalb genau einzuhalten.

Ein Schild mit der maximal zugelassenen Leistung der Lampe ist an gut sichtbarer Stelle auf oder neben der Leuchte anzubringen. Bei der Installation von Betriebsmitteln in Möbeln sollte auch VdS 2024 „Errichtung elektrischer Anlagen in Möbeln und ähnlichen Einrichtungsgegenständen, Richtlinien für den Brandschutz" [52] beachtet werden.

## 5.3 Prüfung der elektrischen Sicherheit eines Küchengerätes

Bevor ein Gerät angeschlossen wird, muss geprüft werden, ob das Gerät tatsächlich sicher betrieben werden kann. Dies geschieht durch Prüfung des Gerätes nach den anerkannten Regeln der Technik. Der Hersteller führt, bevor er das Gerät ausliefert, eine Prüfung durch und bestätigt, dass das Gerät den in der Europäischen Gemeinschaft gültigen Sicherheitsanforderungen entspricht. Er dokumentiert das auch durch das CE-Zeichen. Wird ein Gerät instandgesetzt oder ist es längere Zeit in Gebrauch, wurde es repariert oder wird es zum Beispiel nach einem Umzug wieder erneut angeschlossen, ist ebenfalls eine Prüfung der elektrischen Sicherheit erforderlich. Diese geschieht auf Basis der DIN VDE 0701-0702 [3]. Dabei handelt es sich um eine allgemein gültige Norm. Eventuell existieren besondere Prüfnormen für das Gerät. Auch Prüfvorschriften des Geräteherstellers sind gesondert zu beachten.

### 5.3.1 Allgemeines Prinzip der Prüfung

- Besichtigung
- Schutzleiterdurchgang
- Isolationsfähigkeit
- Funktionsprüfung
- Auswertung
- Dokumentation

Die für die Prüfung erforderlichen Messungen dürfen ausschließlich mit Messgeräten erfolgen, die dazu geeignet sind. Dies sind Messgeräte, die eine Aufschrift mit dem Hinweis auf DIN VDE 0701-0702 [3] oder VDE 0413 [4] aufweisen und die Messungen an Betriebsmitteln ermöglichen. Einfache Multimeter eignen sich nicht dazu.

Auch an die Qualifikation der Prüfer sind Anforderungen gestellt. Der Prüfer für Betriebsmittel, die im Geltungsbereich des Arbeitsschutzgesetzes eingesetzt werden, muss, nach der Verantwortung des Unternehmers, in dessen Betrieb das Betriebsmittel eingesetzt wird, „befähigte Person" nach der TRBS 1203 [16] sein. Der Prüfer für Betriebsmittel, die außerhalb des Geltungsbereichs der Arbeitsschutzgesetzgebung eingesetzt werden, muss die Qualifikation einer Elektrofachkraft oder einer Elektrofachkraft für festgelegte Tätigkeiten mit der Bestellung zur Prüfung derartiger Betriebsmittel besitzen.

### 5.3.2 Sichtprüfung allgemein

Die Sichtprüfung umfasst die Prüfung der Unversehrtheit des Gehäuses und des Originalzustands des Betriebsmittels. Alle Funktionen des normalen Betriebs müssen gemäß den Herstellervorgaben und der Bedienungsanleitung im Originalzustand und sicher bedienbar sein. Das Betriebsmittel wird nicht geöffnet.

Besonderes Augenmerk ist zu richten auf:
- Risse am Gehäuse,
- abgebrochene Gehäuseteile,
- fehlende Teile,
- fehlende Schutzabdeckungen,
- Schmorstellen am Gehäuse,
- Zustand der Isolierungen,
- Vorhandensein des Leistungsschilds.

Auch solche erkennbaren Mängel, die zu einer mechanischen Gefährdung oder Brandgefahr führen können, müssen erkannt und bewertet werden.

### 5.3.3 Sichtprüfung der Anschlussleitung

Der Anschlussleitung ist ein besonderes Augenmerk zu widmen. Der gesamte Verlauf darf keine Beschädigung aufweisen. Die Knickschutztüllen sind zu prüfen und die Zugentlastungen durch moderaten Zug zu prüfen. Schmorstellen an den Steckerkontakten weisen auf unregelmäßige Betriebszustände hin und sind bei der späteren Untersuchung zu berücksichtigen.

### 5.3.4 Schutzleiterwiderstand

Die Feststellung des Durchgangs der Schutzleiterverbindung soll die Funktionsfähigkeit der Schutzmaßnahme bei Betriebsmitteln der Schutzklasse 1 garantieren. Hierzu gilt folgendes:
- das Betriebsmittel nicht auseinander schrauben,
- die Anschlussleitung bei der Messung bewegen,
- die Knickstellen an den Enden der Knickschutztüllen bewegen,

damit Leiterbrüche festgestellt werden können.

> **Grenzwert:**
> Der Schutzleiterwiderstand darf bei einer Leitungslänge von maximal 5 m nicht größer als 0,3 Ω sein. Ist die Leitung länger, dürfen 0,1 Ω je 7,5 m Leitungslänge hinzugerechnet werden. Der Schutzleiterwiderstand darf jedoch auch bei längeren Leitungen maximal nur 1 Ω betragen.

Die Anzeige des Messgeräts ist vor der Messung auf Null zu stellen (kalibrieren) oder der Widerstandswert der Messleitungen ist von dem Messwert abzuziehen.

### 5.3.5 Isolationsfähigkeit

Die Isolationsfähigkeit soll zeigen, dass der fließende Strom nicht über das Gehäuse oder über den Schutzleiter abfließen kann. Hierzu sind auch mögliche Überschläge bei Betriebsmitteln mit höherer Spannung als der Bemessungsspannung zu berücksichtigen. Die Verfahren zur Feststellung des Isoliervermögens sind stark abhängig von der Bauart der Betriebsmittel und der Montage. Küchengeräte sind oftmals mit elektronischen Baugruppen bestückt. In diesen Fällen kann es sein, dass eine Isolationswiderstandsmessung keine eindeutige Aussage über den Isolationswiderstand macht. In manchen Fällen schreiben Hersteller bestimmte Maßnahmen vor wie die Isolationswiderstand gemessen werden muss. Auch der Schutzleiterstrom lässt sich in den genannten Fällen nur sinnvoll mit einer indirekten Schutzleiterstrommessung ermitteln. Die Messung mit der Ersatzableitstrommessung führt oftmals zu keinem sinnvollen Ergebnis.

**Messung des Isolationswiderstands**
Bei der Messung sind die aktiven Leiter miteinander verbunden. Die Messspannung liegt dann nur zwischen dem Gehäuse und den aktiven Leitern. Diese Messung führt nicht zur Zerstörung der Betriebsmittel. Besondere Hinweise der Hersteller sind jedoch zu beachten.

**Grenzwert:**
Der Isolationswiderstand darf einen Wert von 2,0 MΩ nicht unterschreiten.
Dabei ist zu beachten, dass der tatsächlich vorkommende Wert erheblich höher liegt. Der Messwert ist danach zu bewerten. Zeigt das Messgerät einen Wert unterhalb der Überschreitung des Grenzwertes von 20 MΩ an, ist dieser Wert zu beurteilen.
Bei Geräten mit Heizelementen mit einer Heizleistung größer als 3,5 kW beträgt der Grenzwert 0,3 MΩ. Sollte dieser Wert nicht erreicht werden, so ist das Gerät in Ordnung, wenn der Schutzleiterstrom den Wert von 1 mA/kW nicht überschreitet, total jedoch nicht mehr als 10 mA. Sollte der Isolationswiderstand wesentlich kleiner als 0,3 MΩ sein, ist bei den folgenden Messungen mit einem Kurzschluss zu rechnen.

**Messung des Schutzleiterstromes**
In Abhängigkeit vom Gerätetyp sind verschiedene Messungen möglich.

Die Ersatzableitstrommessung ist die Standardmessung, die bei den meisten Betriebsmitteln angewendet werden kann. Sind Betriebsmittel nur im eingeschalteten Zustand im Inneren zugänglich (zum Beispiel relaisgesteuerte Geräte), so ist die Differenzstrommessung die optimale Methode. Das gilt insbesondere, wenn das Betriebsmittel sich nicht isolieren lässt, also beispielsweise mit einer Wasserleitung verbunden ist.

*Achtung: Bei dieser Messung wird das Gerät an die Versorgungsspannung angeschlossen und in Betrieb gesetzt.*

**Grenzwert:**
Der Schutzleiterstrom darf bei diesen Betriebsmitteln einen Wert von 3,5 mA nicht überschreiten.

### 5.3.6 Berührungsstrom

Finden Sie an einem Betriebsmittel der Schutzklasse 1 leitfähige Teile, die berührbar und nicht mit dem Schutzleiter verbunden sind (Messung des Schutzleiterwiderstands > als der zulässige Wert), so ist eine Berührungsstrommessung an diesen Teilen auszuführen. Das Gleiche gilt für Betriebsmittel der Schutzklasse 2, an denen berührbare metallische Teile vorhanden sind.

**Grenzwert:**
Der Berührungsstrom darf bei diesen Betriebsmitteln einen Wert von 0,5 mA nicht überschreiten.

### 5.3.7 Aufschriften

Sind alle Aufschriften auf dem Betriebsmittel vorhanden, die den gefahrlosen Betrieb sicherstellen? Hier ist der Vergleich mit dem Neuzustand erforderlich. Es ist also zu prüfen, ob die Aufschriften denen entsprechen, die auf dem Neugerät vorhanden waren. Sind alle Aufschriften lesbar?

### 5.3.8 Funktionsprüfung

Die Funktionsprüfung zeigt die Funktion der Sicherheitseinrichtungen und die Gesamtfunktion. Sie ist bei einigen Betriebsmitteln im Zusammenhang einer Werkstattüberprüfung nicht möglich. Ein Belastungstest ist jedoch sinnvoll. Bei der Funktionsprüfung sind ebenfalls die Schalteinrichtungen und die Sicherheitseinrichtungen auf korrekte Funktion zu prüfen.

**Durchführung der Prüfung:**
Es sind alle Funktionen zu prüfen, die der Sicherheit dienen. Das gilt auch für temperaturabhängige Schalter, mechanische Endschalter usw.

### 5.3.9 Stromaufnahme

Die Stromaufnahme und der Vergleich der aufgenommenen Leistungen mit den Angaben auf dem Leistungsschild unterstützt die Beurteilung der Funktionsfähigkeit.

### 5.3.10 Verwendetes Messgerät

In der Dokumentation der Prüfung ist der Hersteller und der Typ des verwendeten Messgerätes zu vermerken.

### 5.3.11 Zusammenfassung

Die Prüfung ist in geeigneter Form zu dokumentieren. Dazu gehört auch die Festlegung des verwendeten Messgerätes, damit die Prüfergebnisse nachvollziehbar werden. Das Protokoll ist dem Kunden zur Verfügung zu stellen.

Der Prüfer unterschreibt das Prüfprotokoll (Prüfprotokoll 1 im Kapitel „Prüfprotokolle"), sofern er diese Arbeiten eigenverantwortlich durchführen darf. Sonst unterschreibt die aufsichtführende, verantwortliche Elektrofachkraft das Protokoll.

Die Dokumentation ist mindestens bis zur nächsten Wiederholungsprüfung aufzubewahren.

Eine Instandsetzung eines Betriebsmittels ist nicht Aufgabe des Prüfers. Die Instandsetzung eines Betriebsmittels, das die Sicherheitsanforderungen nicht erfüllt, darf ausschließlich von einer Fachkraft vorgenommen werden, die dazu befähigt oder bestellt ist. Sie darf auch von einer elektrotechnisch unterwiesenen Person (EUP) durchgeführt werden, die unter Leitung und Aufsicht einer Elektrofachkraft tätig wird. Die Elektrofachkraft für festgelegte Tätigkeiten (EFKffT) ist für die nicht bestellten Aufgaben eine EUP.

## 5.4 Anschließen eines Elektroherdes an das Niederspannungsnetz

Um die nachfolgend beschriebene und in **Bild 5.6** und **Bild 5.7** dargestellte Arbeit fachgerecht ausführen zu können, müssen Kenntnisse aus folgenden Bereichen vorhanden sein:

- Sicherer Umgang mit Handwerkzeug, Anwendung der fünf Sicherheitsregeln, Auswahl von geeigneten Leitungen, Herrichten von Leitungen und Adern, Zugentlastung von Leitungen, Abdichten von Betriebsmitteln gegen Eindringen von Wasser und Fremdkörpern, Kenntnisse über dreiphasige Wechselspannungssysteme, Kenntnisse über Netzsysteme und die darin anzuwendenden Schutzmaßnahmen gegen elektrischen Schlag. Durchführen von Sicherheitsprüfungen an elektrotechnischen Anlagen,
- Optional: Durchführung von Sicherheitsprüfungen an Betriebsmitteln.

**Bild 5.6** *Anschluss einer Geräteleitung in einer Geräteanschlussdose*

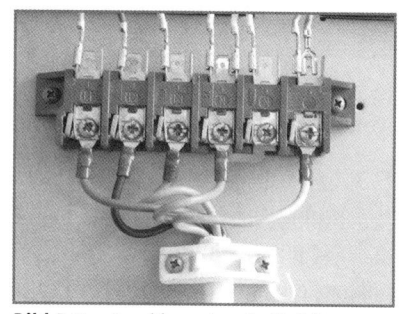

**Bild 5.7** *Anschluss einer Geräteleitung an den Elektroherd*

## ARBEITSANWEISUNG

### Gegenstand
Anschließen eines Elektroherdes beim Kunden. Dabei wird vorausgesetzt, dass der anzuschließende Herd vor dem Anschluss einer Erstprüfung oder einer Wiederholungsprüfung unterzogen wurde, die keine Beanstandungen ergab.

## Geltungsbereich

Die Arbeitsanweisung gilt für den Neuanschluss von Betriebsmitteln und die Prüfung der Schutzmaßnahme an der bauseits bereitgestellten Spannungsversorgung in Netzen bis 1.000 V mit den zugelassenen Messgeräten.

## Feststellen des Arbeitsumfangs

Der Arbeitsumfang ist festzustellen und die einzelnen Tätigkeiten sind mit denen der Bestellung der EFKffT abzugleichen. Arbeiten, die außerhalb des Bestellungsbereichs liegen, dürfen nicht eigenverantwortlich ausgeführt werden.

## Sicherheitsmaßnahmen

- Werkzeuge sind nach ergonomischen Gesichtspunkten und nach den Erfordernissen auszuwählen.
- Für ausreichende Beleuchtung am Arbeitsplatz ist zu sorgen.
- Die Entsorgung von Reststoffen ist zu klären.
- Die Arbeiten gelten als Arbeiten unter Spannung.
- Bei den Arbeiten sind die Regeln eins bis drei der fünf Sicherheitsregeln zwingend einzuhalten. Das in der Anlage vorhandene Netzsystem muss festgestellt werden.

## Arbeitsvorbereitung

Geeignetes Werkzeug und Messgerät gemäß Werkzeugliste zusammenstellen:
- Schraubendreher 4 mm und 6 mm,
- Kreuzschlitzschraubendreher Gr. 2,
- Installationstester nach VDE 0413 für Messungen nach DIN VDE 0100-600,
- lange Messleitung.

## Ausführung der Arbeiten

Grundsätzlich gilt folgende Reihenfolge bei der Ausführung der Arbeiten:
- Spannungsversorgung prüfen,
- Herd anschließen,
- Schutzmaßnahmen überprüfen,
- Funktion prüfen.

Die Arbeitsschritte im Einzelnen:
- Deckel der Geräteanschlussdose entfernen. Dabei die Sicherheitsregeln beachten und die Arbeitsstelle absperren. Auf mögliche Gefährdung hinweisen.

- Spannungsmessung an der Anschlussklemme durchführen und die Außenleiter und den Neutralleiter identifizieren. Falls eine Klemmbezeichnung vorhanden ist, die Richtigkeit der Klemmbezeichnung prüfen.
- Gemäß den fünf Sicherheitsregeln den Anlagenteil, an dem gearbeitet werden soll, spannungsfrei machen und durch örtlich geeignete Maßnahmen sicherstellen, dass nicht wieder eingeschaltet werden kann und die Spannungsfreiheit feststellen.
- Klemmen der Steckdose lösen und Adern identifizieren.
- Aktuelle Farbgebung einer 5-adrigen Leitung: Außenleiter: Schwarz-Weiß, Braun, Grün; Neutralleiter: Blau; Schutzleiter: Grün-Gelb.
- Anschlussleitung des Herdes herrichten.
- Adern gemäß Herstellervorgabe mit den Außenleitern, dem Neutralleiter und dem PE-Leiter der Netzzuleitung verbinden.
- Zugentlastung montieren.
- Deckel aufschrauben, dabei Leitungen nicht quetschen.

**Prüfungen nach Anschluss des Herdes**
- Funktionsprüfung

**Verantwortlichkeiten**
Die Elektrofachkraft für festgelegte Tätigkeiten (EFKffT) ist für die normgerechte, fachgerechte und sicherheitsgerechte Ausführung der Arbeiten, für die sie bestellt ist, verantwortlich. Sie führt sie in eigener Fachverantwortung aus.

### 5.4.1 Allgemeines Prinzip der Prüfung

Eine Prüfung hat grundsätzlich immer das gleiche Schema:
- Besichtigung,
- Schutzleiterdurchgang,
- Isolationsfähigkeit,
- Funktionsfähigkeit der Schutzmaßnahme,
- Funktionsprüfung,
- Auswertung,
- Dokumentation.

Bei den ausgeführten Arbeiten handelt es sich um Änderung der Anlage. Auch nach dieser Arbeit ist eine Prüfung für den Anlagenteil erforderlich, den diese Änderung betrifft.

### 5.4.2 Besichtigen

Die Besichtigung eines ausgewechselten Betriebsmittels, das nach einer Instandsetzung wieder installiert wird oder eines Betriebsmittel, das neu in eine Anlage installiert wird, erfordert unterschiedliche, der Gegebenheit angepasste Punkte. Mit diesen sind die nachfolgenden Hinweise zu ergänzen.

Durch Besichtigung soll festgestellt werden, ob die Anlagenteile sowie deren Eigenschaften, die zur elektrischen Sicherheit beitragen, den generellen Sicherheitsanforderungen entsprechen.

Hauptstichpunkte:
- Abdichtung gegen Wasser und Staub (Schutzart IPxx),
- Auswahl der Schutz- und Trenneinrichtungen Schutzeinrichtung < 16 A,
- Befestigung der Leitungen bei Auf-Putz-Installation,
- Belastbarkeit der Leiter (Mindestquerschnitt 2,5 mm$^2$),
- Kennzeichnung der Leiter, Klemmen usw.,
- Kennzeichnung der Neutral- und Schutzleiter: Sicherstellen, dass die Farben nicht verwechselt wurden,
- Zugang für Wartungsarbeiten.

### 5.4.3 Erproben und Messen

Durch Erproben und Messen soll festgestellt werden, ob die Anlage ordnungsgemäß funktioniert. Dazu gehören:
- Durchgängigkeit des Schutzleiters und die Verbindung zum HPA und des zusätzlichen PA,
- Isolationswiderstand,
- Schutz durch automatische Abschaltung,
- Funktionsprüfung.

**Niederohmige Verbindung des Schutzleiters**

Die Verbindungen der leitfähigen, berührbaren Teile des Herdes mit dem Schutzleiter und mit dem Schutzpotentialausgleich sind auf Durchgängigkeit zu prüfen. Dazu ist die Niederohmigkeit der Verbindung nachzuweisen. Das geschieht zum Beispiel durch Messen der Verbindung zum PE-Leiter der nächsten Steckdose oder der Wasserleitung.

**Grenzwert:**
Der Grenzwert hängt von der Leiterlänge und dem Querschnitt der Zuleitung ab. Eine Bewertung ist nach der Berechnung des Leiterwiderstands und dem Vergleich mit dem Messwert möglich.

Vor der Messung sind die Messleitungen zu kalibrieren oder der Widerstand der Messleitungen zu dokumentieren und später vom Messwert abzuziehen.

Bei der Messung ist den Übergangswiderständen an den Messstellen größte Aufmerksamkeit zu widmen.

## Isolationswiderstandsmessung

Bei der Isolationswiderstandsmessung dürfen die aktiven Leiter miteinander verbunden werden. Das ist insbesondere bei der Prüfung von elektronischen Systemen empfehlenswert, damit diese keine zu hohen Längsspannungen erhalten.

Grundsätzlich sind alle Betriebsmittel im Endstromkreisbereich mit mindestens 1,5 kV zwischen den aktiven Leitern und dem Schutzleiter prüfbar. Sollten Hersteller besondere Anweisungen zur Prüfung der Betriebsmittel haben, so sind diese zu berücksichtigen.

## Messungen im TT- oder TN-System mit Fehlerstrom-Schutzeinrichtung (RCD)

Die Kennwerte des RCD sind vom Typenschild zu übernehmen. Das gilt auch für Kennzeichnungen der Stromart. Das Messgerät ist entsprechend einzustellen.

**Grenzwerte**

| Nennspannung des Stromkreises | Zu verwendende Messgleichsspannung | Isolationswiderstand |
|---|---|---|
| bis 500 V (einschließlich FELV), außer in obigen Fällen | 500 V DC | 1 MΩ |

Der Nachweis der Funktionsfähigkeit der Schutzmaßnahme erfolgt durch Messung der Fehlerstrom-Schutzeinrichtung, die bei Werten kleiner oder gleich dem Bemessungsdifferenzstrom abschaltet und dabei die maximale Berührungsspannung $U_B$ nicht überschritten wird.

**Berührungsspannung**
Die Messung soll zeigen, dass die Berührungsspannung $U_B$ kleiner oder gleich der zulässige Berührungsspannung $U_L$ ist. Das Ergebnis ist nach Beendigung des Messvorgangs vom Messgerät abzulesen.

## Auslösestrom

Der Auslösestrom $I_\Delta$ soll kleiner oder gleich dem Bemessungsdifferenzstrom $I_{\Delta N}$ sein. Die Fehlerstrom-Schutzeinrichtung muss spätestens bei Erreichen des Bemessungsdifferenzstromes abschalten. Die Abschaltung und allpolige Trennung des Betriebsmittels vom Netz ist Bestandteil der Prüfung.

### 5.4.4 Messungen im TN-System mit Abschaltung durch Überstromschutzeinrichtungen

**Schleifenimpedanz/Kurzschlussstrom**

Die Werte sind mit einem Messgerät zu ermitteln. Üblicherweise werden bei der Messung mit modernen Geräten beide Werte angezeigt. Die Messung erfolgt zwischen dem Außenleiter und dem PE-Leiter.

**Abschaltstrom 0,4 s und 5 s**

Die gemessenen Werte der Schleifenimpedanz und des Kurzschlussstromes sind auf den Anschaltstrom der Schutzeinrichtung zu beziehen.

Wenn der Abschaltstrom der Schutzeinrichtung kleiner als 2/3 des vom Messgerät angezeigten Kurzschlussstromes ist, ist die Abschaltbedingung eingehalten.

**Grenzwerte**

| Vorgeschaltete Schutzeinrichtung | Maximaler Messwert in $\Omega$ |
|---|---|
| Leitungsschutzschalter 16 A/B | < 1,9 |
| Schmelzsicherung 16 A | < 1,4 |

### 5.4.5 Spannungsfall

Bei Bedarf ist der Spannungsfall zu ermitteln und mit dem Sollwert zu vergleichen.

### 5.4.6 Funktionsprüfung

Die Funktionsprüfung schließt die Messung der Stromaufnahme ein.

### 5.4.7 Dokumentation

Die Prüfung ist in den vorliegenden Prüfprotokollen (siehe Kapitel „Prüfprotokolle") zu dokumentieren. Dazu gehört auch die Festlegung des verwendeten Messgerätes, damit die Prüfergebnisse nachvollziehbar werden. Die Dokumentation der Prüfung ist dem Kunden auszuhändigen.

Die Dokumentation ist mindestens bis zur nächsten Wiederholungsprüfung aufzubewahren.

### 5.4.8 Herstellen des sicheren Anlagenzustands

Nach Abschluss der Arbeiten ist der sichere Anlagenzustand herzustellen und folgendes zu prüfen:
- Sind alle Abdeckungen vorhanden?
- Sind die Schrauben der Abdeckungen fest angezogen?
- Sind die Dokumentationen bei Bedarf ergänzt?

## 5.5 Aufhängen und Montieren von Leuchten

Die Montage von Leuchten als Deckenleuchten, Pendelleuchten oder Wandleuchten ist ein wesentlicher Bestandteil von Küchen- und Möbelmonteuren. Dabei sind eine Reihe von Regeln zu beachten.

Für die Montage von Leuchten ist die DIN VDE 0100-559 (VDE 0100-559):2009-06 zu beachten. Für die Montage von Kleinspannungsbeleuchtungsanlagen ist eine besondere Norm (DIN VDE 0100-715 (VDE 0100-715):2006-06) zu beachten.

Oftmals nicht eingehalten, gilt danach die Forderung, dass Kabel und Leitungen in einer Installationsdose enden, außer die Leuchte ist für den direkten Anschluss an die Kabel- und Leitungsanlage entsprechend den Montagevorschriften vorgesehen.

### 5.5.1 Deckenpendelleuchten

Bei der Montage sind die Herstellervorschriften und die anerkannten Regeln der Technik zu beachten. Zunächst ist sicherzustellen, dass der Aufhängepunkt auch tatsächlich die Last der Leuchte oder die Mindestlast von 5 kg tragen kann. Bei der Erstellung der Bohrungen ist der vom Dübelhersteller vorgeschriebene Bohrdurchmesser zu verwenden.

Der Anschluss der Leuchte erfolgt über Leuchtenanschlussklemmen. Moderne Leuchtenanschlussklemmen sind als Federzugklemmen (**Bild 5.8**) ausgebildet. Sie können auf der einen Seite einen Massivleiter und auf der

**Bild 5.8** *Diverse Leuchtenklemmen*

anderen Seite einen flexiblen Leiter aufnehmen. Der flexible Leiter muss dabei nicht zwingend mit einer Aderendhülse gegen Aufspleißen geschützt werden. Die Herstellervorschriften geben Auskunft über die anschließbaren Leiter. Ältere Klemmen sind schraubbare „Lüsterklemmen". Die Elektrofachkraft sollte bei dieser Art Klemmen beachten, dass je Seite ausschließlich ein Leiter geklemmt werden darf. Flexible Leiter sind mit Aderendhülsen gegen Aufspleißen zu schützen.

### 5.5.2 Deckenleuchten fest montiert

Die Montage von Deckenleuchten birgt oft die Gefahr, dass einer der Befestigungspunkte direkt über der unter Putz liegenden Leuchtenzuleitung verlegt ist. Um Leitungsbeschädigungen zu vermeiden, ist vor der Positionierung der Leuchte die genaue Leitungsführung festzustellen. Erst wenn sichergestellt ist, dass keine Schäden beim Bohren auftreten können, darf gebohrt werden. Der Klemmraum einer Leuchte ist üblicherweise nur für den Anschluss einer Leitung vorgesehen. Werden Leuchten geschleift, das bedeutet, dass der Leuchtenanschluss über eine Zuleitung und eine weitere Leitung zu einer weiteren Leuchte verfügt, ist ein entsprechender Klemmraum notwendig. Der Leuchtenhersteller gibt in seiner Montageanleitung an, ob die Leuchte für eine sogenannte Durchgangsverdrahtung geeignet ist.

### 5.5.3 Wandleuchten

Wandleuchten werden über Wandanschlussdosen angeschlossen. Auch hier besteht das Problem, dass die Leitung zur Leuchte so verlegt ist, dass beim Bohren der Löcher für die Befestigungsschrauben die Leitung beschädigt werden kann. In vielen Gebäuden sind die Wandleuchtenanschlüsse nicht sachgerecht mit Wandauslassdosen ausgestattet. Das führt oftmals dazu, dass der ohnehin kleine Klemmraum in der Leuchte völlig überfüllt wird. Quetschungen der Adern bis zum Körperschluss sind die Folge.

## 5.6 Übungsaufgaben

**Aufgabe 5.1**
In welchem Abstand von der Decke ist in einer Küche mit einer horizontalen Leitungsführung elektrischer Leitungen zu rechnen?

**Aufgabe 5.2**
Was müssen Sie tun, wenn Sie einen Wandauslass einer Wandleuchte mit einem fest an die Wand geschraubten Schrank verdecken?

**Aufgabe 5.3**
Welcher Abstand muss für einen Spiegelschrank mit einer elektrischen Einrichtung von dem Badewannenrand berücksichtigt werden?

**Aufgabe 5.4**
In welcher Schutzart muss ein Betriebsmittel ausgeführt sein, das im Bereich 2 eines Badezimmers zugelassen ist?

**Aufgabe 5.5**
Sie sollen in einem Möbel eine Leuchte und eine Schukosteckdose einbauen. Welchen Leitungstyp und welchen Querschnitt wählen Sie?

**Aufgabe 5.6**
Welche Prüfungen führen Sie an einem Stromkreis einer Geräteanschlussdose durch, um den Schutz gegen elektrischen Schlag im Fehlerfall sicherzustellen, bevor Sie mit den Arbeiten zum Anschluss des Gerätes beginnen?

**Aufgabe 5.7**
Nennen Sie die Arbeitsschritte, die zum Auswechseln einer Steckdose erforderlich sind, nachdem die neue Steckdose eingebaut ist.

**Aufgabe 5.8**
Nennen Sie die Punkte, die zu beachten sind, wenn eine flexible Ader mit einer Aderendhülse versehen werden soll.

**Aufgabe 5.9**
Welche Einzelschritte sind zur Prüfung eines Betriebsmittels nach einer Instandsetzung erforderlich?

## 5.6 Übungsaufgaben

**Aufgabe 5.10**
Welche Prüfungen sind erforderlich, wenn die Funktion der Schutzmaßnahme an einer Steckdose im TN-System nachgewiesen werden muss, für die zur Abschaltung ein Leitungsschutzschalter vom Typ 16A/B installiert ist?

**Aufgabe 5.11**
Ein Kochfeld ist mit einer Leistung von 7,5 kW für 3-phasigen Anschluss an 400/230 V angegeben. Darf dieser Herd auch einphasig an 230 V betrieben werden?

**Aufgabe 5.12**
Mit welcher Stromaufnahme müssten Sie beim Anschluss eines Heizgerätes mit 4,6 kW Anschlussleistung an das einphasige Netz und das dreiphasige Netz rechnen?

… BUCH

www.elektro.net

# DIE PRÜFANWEISUNG FÜR DIE EUP

K. Bödeker · M. Lochthofen

**Prüfung elektrischer Geräte**

Ein Einstieg für elektrotechnisch unterwiesene Personen und Elektrofachkräfte

4., neu bearbeitete Auflage

Klaus Bödeker, Michael Lochthofen
Prüfung elektrischer Geräte
Ein Einstieg für elektrotechnisch unterwiesene Personen und Elektrofachkräfte
4., neu bearb. Aufl. 2015.
104 Seiten. Softcover. € 36,80.
Fachbuch:
ISBN 978-3-8101-0396-3
E-Book/PDF:
ISBN 978-3-8101-0397-0

Diese „Prüfanweisung" hilft, dass die EuP allen Anforderungen der regelmäßigen Prüfung ortsveränderlicher elektrischer Geräte gerecht wird und – unter Verantwortung der für sie zuständigen EFK – möglichst selbstständig und effektiv arbeiten kann.

**Schwerpunkte dieser Prüfanweisung:**

- Ablauf der Prüfung,
- Besichtigen der Prüflinge,
- Messungen an Prüflingen mit und ohne Schutzleiter,
- Messungen an speziellen Prüflingen,
- Nachweis der Funktionen der Prüflinge,
- Abschluss der Prüfungen sowie
- Dokumentation und Arbeitsschutz.

## IHRE BESTELLMÖGLICHKEITEN

- Fax: +49 (0) 89 2183-7620
- E-Mail: buchservice@huethig.de
- www.elektro.net/shop

Hier Ihr Fachbuch direkt online bestellen!

**de das elektrohandwerk**
www.elektro.net

Hüthig GmbH, Im Weiher 10, D-69121 Heidelberg,
Tel.: +49 (0) 800 2183-333

# 6 Beispielhafte Tätigkeiten im Maschinenbau

**Lernziele dieses Kapitels**
Sie lernen, die elektrischen Betriebsmittel, wie Motoren und Sensoren, sowie die dazugehörigen Betriebsmittel fachgerecht anzuschließen. Sie lernen dabei die verschiedenen Anschlussvarianten kennen. Ebenso lernen Sie, wie Sie die notwendigen Prüfungen durchführen, die zum Abschluss einer elektrotechnischen Arbeit erforderlich sind, um den sicheren Zustand der Anlage, der Maschine oder des Betriebsmittels zu gewährleisten.

## 6.1 Allgemeine Gefahren

Die Tätigkeit im Bereich von Maschinen birgt besondere Gefahren. Aus diesem Grund soll auf zwei Regelwerke hingewiesen werden, die diese Gefährdungen aufzeigen:
- DGUV Information 203-004 [19] Einsatz von elektrischen Betriebsmitteln bei erhöhter elektrischer Gefährdung und
- DGUV Information 203-006 [20] Auswahl elektrischer Betriebsmittel auf Bau- und Montagestellen.

## 6.2 Anschließen von Betriebsmitteln

### 6.2.1 Allgemeine Anforderungen

Ortsfeste Betriebsmittel, deren Standort zum Zwecke des Anschließens, Reinigens oder dergleichen vorübergehend geändert werden muss oder Betriebsmittel, die bei bestimmungsgemäßem Gebrauch in begrenztem Ausmaß Bewegungen ausgesetzt sind, müssen mit flexiblen Leitungen angeschlossen werden.

Ortsveränderliche Betriebsmittel müssen immer mit flexiblen Leitungen angeschlossen werden. Dies gilt nicht, wenn sie über Schleifleitungen angeschlossen werden. Betriebsmittel, die Schwingungen ausgesetzt sind, müssen ebenfalls mit flexiblen Leitungen angeschlossen werden.

Die Leitungen können über Steckvorrichtungen oder über Klemmen in ortsfesten Gehäusen, z.B. über Geräteanschlussdosen, angeschlossen werden.

Bestimmte Bauarten flexibler Leitungen dürfen nach DIN VDE 0298-3 [7] und DIN VDE 0298-300 [8] auch fest verlegt werden.

Das ist zum Beispiel die Steuerleitung H05VV5-F, die für feste Verlegung, sowie für gelegentliche, nicht ständig wiederkehrende Bewegungen, auch in nassen Räumen geeignet ist.

Beim Anschluss von Betriebsmitteln sind neben der Funktionsfähigkeit der Betriebsmittel, im Hinblick auf Versorgungsspannung und Absicherung gegen Kurzschluss und Überlast, auch der Schutz gegen Eindringen von Feuchtigkeit an der Anschlussstelle und der Berührungsschutz sowie die mechanische Festigkeit der Verbindung zu beachten. Im Folgenden soll auf die zuletzt genannten Bedingungen eingegangen werden.

### 6.2.2 Besondere Vorschriften für Leiterquerschnitte und Leitungsarten

**Bau- und Montagestellen**

Zum Anschluss an Betriebsmittel dürfen grundsätzlich nur die in der Tabelle der DGUV Information 203-006 [20] genannten beweglichen Gummischlauchleitungen oder mindestens solche gleichwertiger Bauart benutzt werden.

Typ H07RN-F für Handgeführte elektrische Arbeitsmittel mit Geräteanschlussleitungen Typ H05RN-F bis zu einer Länge von 4 m.

An Stellen, an denen Leitungen mechanisch besonders beansprucht werden können, ist eine geschützte Verlegung anzuwenden.

**Baustellen nach DGUV Information 203-005 [14]**

*Kategorie K1*

Elektrische Betriebsmittel der Kategorie K1 sind geeignet zur Benutzung in Industrie, Gewerbe und Landwirtschaft, z.B. gewerbliche Hauswirtschaft, Hotels, Küchen, Wäschereien, an Montagebändern in der Serienfertigung für kleinere und mittlere Seriengeräte, Laboratorien, Montage, Schlossereien, Werkzeugbau, Maschinenfabriken, Automobilbau, Innenausbau, Fahrzeuginstandhaltung, Fertigungsstätten, Kunststoffverarbeitung, jeweils in Innenräumen, mit Einschränkungen auch im Freien.

Mindestanforderungen:

- Schutzart: IP43, Ausnahmen: Handgeführte Elektrowerkzeuge nach EN 50 144-1,

- Schutzklasse: Vorzugsweise Schutzklasse II,
- mechanische Festigkeit: Schlagprüfung alle Teile 1 Nm und Fallprüfung
- Leitungen: H05RN-F oder mindestens gleichwertig (siehe Anhang 4 in der DGUV Information 203-005),
- Steckvorrichtungen: Gummi oder Kunststoff.

*Kategorie K2*

Elektrische Betriebsmittel der Kategorie K2 sind geeignet zur Benutzung in Räumen und Anlagen besonderer Art, z. B. in der Landwirtschaft, im Tagebau, Stahlbau, in Baustellen, Gießereien, bei der Großmontage, in der chemischen Industrie, bei Arbeiten unter erhöhter elektrischer Gefährdung, jeweils in Innenräumen oder im Freien. Die Einwirkungen dürfen sein: hohe mechanische Beanspruchung, Verwendung in nasser Umgebung, Korrosion, Öle, Säuren und Laugen mittel bis hoch, hohe Staubeinwirkung, auch leitfähige Stäube.

Mindestanforderungen:

- Schutzart: IP54, Ausnahmen: Handgeführte Elektrowerkzeuge nach Normenreihe EN 50144,
- Sind spritzwassergeschützte oder wasserdichte Betriebsmittel erforderlich: mindestens IPX4 bzw. IPX7,
- Leuchten IPX3, Handleuchten IPX5,
- Schutzklasse: Vorzugsweise Schutzklasse I,I
- mechanische Festigkeit: Schlagprüfung aller Teile 1 Nm und Fallprüfung,
- Leitungen: H07RN-F oder mindestens gleichwertig.
- Leitungsroller müssen für erschwerte Bedingungen geeignet und nach den Festlegungen für schutzisolierte Betriebsmittel gebaut sein.
- Steckvorrichtungen: Geeignet für erschwerte Bedingungen, rauer Betrieb.

### 6.2.3 Handgeführte Betriebsmittel

In **Tabelle 6.1** sind Handgeführte Betriebsmittel und ihre Mindestquerschnitte dargestellt.

| Anwendung | Querschnitt in mm² |
|---|---|
| leichte Handgeräte bis $I_n$ = 1 A und $l$ = 2 m | 0,1 |
| Geräte bis $I_n$ = 2,5 A und $l$ = 2 m | 0,5 |
| Geräte bis $I_n$ = 10 A | 0,75 |
| Geräte über 10 A | 1,0 |

**Tabelle 6.1** *Handgeführte Geräte und Mindestquerschnitte*

## 6.2.4 Schutz gegen Eindringen von Feuchtigkeit und Fremdkörpern

Wird eine Leitung in ein Betriebsmittel eingeführt, so ist diese Einführungsstelle entsprechend den vorhandenen Umwelteinflüssen gegen Eindringen von Fremdkörpern und Feuchtigkeit zu schützen. Ein Berührungsschutz aktiver Teile ist darin eingeschlossen.

Um diesen Schutz zu erreichen, stehen verschiedene Varianten zur Verfügung.

Das Betriebsmittel besitzt eine Tülle, durch die die Leitung geführt werden kann.

Eine derartige Abdichtung findet sich oft bei Steckvorrichtungen. Bei der Einführung ist darauf zu achten, dass die Tülle nicht zu weit aufgeschnitten wird und die Leitung fest in der Tülle sitzt. **Bild 6.1** zeigt eine Verteilerdose, bei der oft zu beobachten ist, dass die Leitungseinführungen fehlerhaft geöffnet wurden. Oft sind an derartigen Tüllen Markierungsringe angebracht, an denen sich der Monteur orientieren kann. **Bild 6.2** zeigt ein Beispiel dafür.

Das Betriebsmittel hat ein Gummi- oder Kunststoffgehäuse oder Gehäuseteil, das eine Vorstanzung zur Aufnahme der Leitungen aufweist.

Bei dieser Art ist es besonders wichtig, auch das richtige Werkzeug zur Ausstanzung der Öffnung zu verwenden. Keinesfalls darf hier ein Messer benutzt werden, um die Öffnung auszuschneiden. Da das Kabel gleichmäßig von der Dichtungslippe umschlossen werden muss, ist auf ein kreisrun-

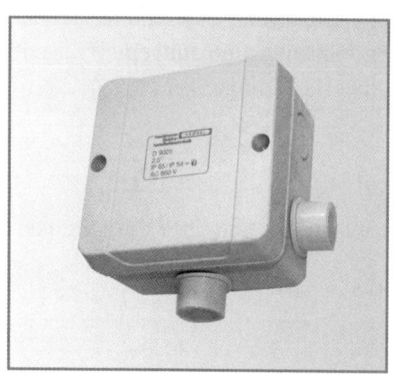

**Bild 6.1** *Abzweigdose mit Einführungen bis IP54*
Quelle: Obo-Bettermann, Menden

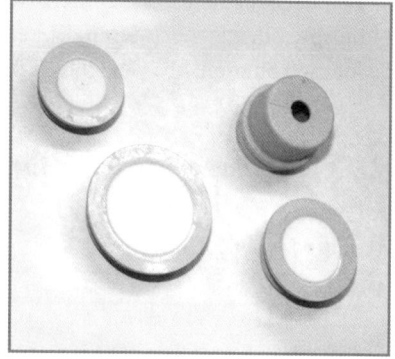

**Bild 6.2** *Einstecknippel, der auf den Außendurchmesser der Leitung zuzuschneiden ist*
Quelle: Obo-Bettermann, Menden

## 6.2 Anschließen von Betriebsmitteln

des Öffnen zu achten. Beispiele finden sich an Betriebsmitteln der Schutzart IP54. Ein weiteres Beispiel ist der Würgenippel oder der Einführungsstutzen. Hier sind zwar die Öffnungen bereits vorgestanzt, es ist jedoch auch darauf zu achten, dass die Leitungsdurchmesser nicht zu klein sind und damit die Abdichtung nicht hinreichend erfolgen kann. Ein Einschneiden der Dichtungsöffnungen zur Vergrößerung der Öffnung bei Verwendung dickerer Leitungen ist dabei ebenso verboten und führt zu einer mangelhaften Arbeit.

Für Betriebsmittel der Schutzart IP54 und höher werden Kabelverschraubungen verwendet. Diese sind für einen Abdichtungsbereich hergestellt, der bei der Auswahl der Verschraubung beachtet werden muss. Nur innerhalb des Verwendungsbereichs ist eine sichere Abdichtung gewährleistet. Zur Montage wird zunächst die Leitung auf die richtige Länge abgemantelt. Danach wird die Verschraubung aufgeschoben. Es folgen ein Schutzring und das Dichtungsgummi. Dieses kann mehrlagig aufgebaut sein, sodass es an den Manteldurchmesser angepasst werden kann. Danach folgt ein weiterer Schutzring. Nun kann das Kabel in den fest eingeschraubten Teil der Kabelverschraubung eingeführt werden. Der Mantel der Leitung ragt je nach dem im Anschlussraum vorhandenen Platz um 5 mm bis 10 mm in das Betriebsmittelgehäuse hinein. Das Oberteil der Kabelverschraubung wird fest angezogen, sodass das Gummi den Kabelmantel fest umschließt und gegen eindringendes Wasser abdichtet. Zum Schluss wird die Kabelverschraubung mit Kabelkitt abgedichtet. **Bild 6.3** zeigt ein Beispiel einer Kabelverschraubung mit Zugentlastung.

Bei verschiedenen Herstellern ist die Abdichtung der Kabelverschraubung mit einem besonderen Klemmring versehen und mit einer Zugentlastung verbunden.

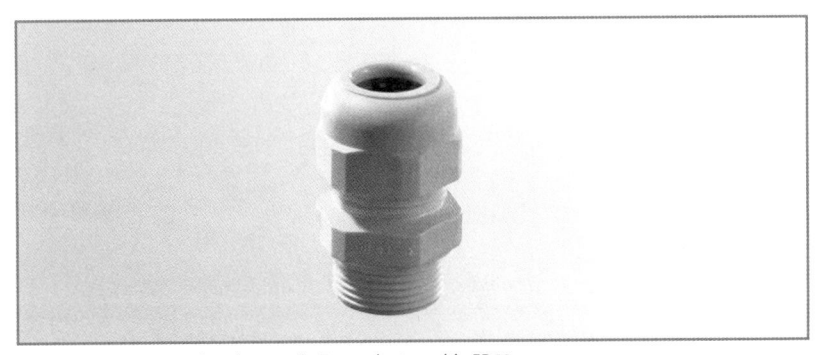

**Bild 6.3** *Kabelverschraubung mit Zugentlastung bis IP68*

## 6.2.5 Zugentlastung

Jede Leitung, die in ein Betriebsmittel eingeführt wird, muss gegen Zug entlastet werden. Diese Zugentlastung kann dadurch erfolgen, dass eine fest verlegte Leitung direkt in ein fest installiertes Betriebsmittel eingeführt wird. Eine Zugentlastung ist erforderlich, damit die Anschlussklemmen der Betriebsmittel keiner zusätzlichen mechanischen Belastung ausgesetzt werden. Dabei kann die Zugentlastung auf verschiedene Arten erreicht werden:
- mit einer separaten Zugentlastungsschelle,
- mit einer Zugentlastung in Verbindung mit der Abdichtung gegen Feuchtigkeit und Fremdkörper,
- mit einer Zugentlastung direkt vor der Einführung des Kabels in das Betriebsmittel.

Die Zugentlastung hat die Aufgabe, die Klemmstelle vor Zug der Leitung zu schützen. Sollte dennoch einmal diese Zugentlastung versagen, so ist es zum Schutz der Nutzer sinnvoll, dass die Leitungen so angeschlossen sind, dass der Schutzleiter beim Herausziehen der Leitung als letzter Leiter von seiner Klemme abreißt. Dazu ist er länger zu lassen als alle anderen Leiter.

## 6.2.6 Leiteranschlüsse

Die Anschlüsse der Leiter in den Betriebsmitteln erfolgen entweder über Klemmen oder über Schrauben. Entsprechend der Anschlussart sind die Leiter herzurichten. Schutzleiteranschlüsse sind dabei grundsätzlich gegen Selbstlockern zu sichern. Das geschieht zum Beispiel durch einen Federring oder eine Zahnscheibe (**Bild 6.4**). Auch in Betriebsmitteln ist der Schutzleiter so anzuschließen, dass er bei Versagen der Zugentlastung zuletzt abreißt. **Bild 6.5** macht das deutlich.

**Bild 6.4** *Schutzleiteranschluss in einem Betriebsmittel*

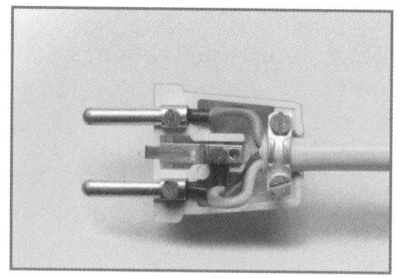

**Bild 6.5** *Schutzleiteranschluss an einem Schukostecker*

## 6.3 Leiterverbindungen

Leiterverbindungen sind ausschließlich in Verteilerdosen oder in dafür vorgesehenen Klemmräumen von Betriebsmitteln erlaubt. Die Verbindungen müssen für Prüfungen der Anlage zugänglich sein. Die Verteilerdosen müssen befestigt sein und die eingeführten Leitungen gegen Zug auf die in der Verteilerdose befindliche Klemme entlastet sein. Die Befestigungspunkte der Leitung liegen nicht weiter als 5 cm von der Einführungsstelle entfernt. Bei Verteilerdosen in der Schutzart IP54 und höher können auch flexible Leitungen eingeführt werden, wenn eine Kabelverschraubung mit Zugentlastung verwendet wird.

## 6.4 Arbeitsanweisungen für grundlegende Tätigkeiten

### 6.4.1 Instandhaltung an elektrotechnischen Anlagen

Um die nachfolgend beschriebenen Arbeiten fachgerecht ausführen zu können, müssen Kenntnisse aus folgenden Bereichen vorhanden sein:
- sicherer Umgang mit Handwerkzeug,
- Anwendung der fünf Sicherheitsregeln,
- Auswahl von geeigneten Betriebsmitteln,
- Herrichten von Leitungen und Adern,
- Abdichten von Betriebsmitteln gegen Eindringen von Wasser und Fremdkörpern,
- Kenntnisse über Netzsysteme und die darin anzuwendenden Schutzmaßnahmen gegen elektrischen Schlag,
- Durchführung von Sicherheitsprüfungen an elektrischen Anlagen.

### 6.4.2 Anschließen eines Gerätes an das Niederspannungsnetz

Um die nachfolgend beschriebenen Arbeiten fachgerecht ausführen zu können, müssen Kenntnisse aus folgenden Bereichen vorhanden sein:
- sicherer Umgang mit Handwerkzeug,
- Anwendung der fünf Sicherheitsregeln,
- Auswahl von geeigneten Leitungen,
- Herrichten von Leitungen und Adern,
- Zugentlastung von Leitungen,

- Abdichten von Betriebsmitteln gegen Eindringen von Wasser und Fremdkörpern,
- Kenntnisse über dreiphasige Wechselspannungssysteme,
- Kenntnisse über Netzsysteme und die darin anzuwendenden Schutzmaßnahmen gegen elektrischen Schlag,
- Durchführen von Sicherheitsprüfungen an elektrotechnischen Anlagen,
- Optional: Durchführung von Sicherheitsprüfungen an Betriebsmitteln.

## ARBEITSANWEISUNG

### Gegenstand

Anschließen eines Gerätes in der Produktion oder beim Kunden. Dabei wird vorausgesetzt, dass das anzuschließende Gerät vor dem Anschluss einer Erstprüfung oder einer Wiederholungsprüfung unterzogen wurde, die keine Beanstandungen ergab.

### Geltungsbereich

Die Arbeitsanweisung gilt für den Neuanschluss von Betriebsmitteln und die Prüfung der Schutzmaßnahme an der bauseits bereitgestellten Spannungsversorgung in Netzen bis 1.000 V mit den zugelassenen Messgeräten.

### Feststellen des Arbeitsumfangs

Der Arbeitsumfang ist festzustellen und die einzelnen Tätigkeiten sind mit denen der Bestellung der EFKffT abzugleichen. Arbeiten, die außerhalb des Bestellungsbereichs liegen, dürfen nicht eigenverantwortlich ausgeführt werden.

### Sicherheitsmaßnahmen

- Werkzeuge sind nach ergonomischen Gesichtspunkten und nach den Erfordernissen auszuwählen.
- Für ausreichende Beleuchtung am Arbeitsplatz ist zu sorgen.
- Entsorgung von Reststoffen ist zu klären.
- Die Arbeiten gelten als Arbeiten unter Spannung.
- Bei den Arbeiten sind die Regeln eins bis drei der fünf Sicherheitsregeln zwingend einzuhalten.
- Das in der Anlage vorhandene Netzsystem ist festzustellen.

### Arbeitsvorbereitung

Geeignetes Werkzeug und Messgerät gemäß Werkzeugliste zusammenstellen:

## 6.4 Arbeitsanweisungen für grundlegende Tätigkeiten

- Schraubendreher 4 mm und 6 mm,
- Kreuzschlitzschraubendreher Gr. 2,
- Installationstester nach VDE 0413 [4] für Messungen nach DIN VDE 0100-600 [15],
- lange Messleitung.

**Ausführung der Arbeiten**
Grundsätzlich gilt folgende Reihenfolge bei der Ausführung der Arbeiten:
- Spannungsversorgung prüfen,
- Gerät anschließen,
- Schutzmaßnahmen überprüfen,
- Funktion prüfen.

**Die Arbeitsschritte im Einzelnen:**
- Deckel der Geräteanschlussdose entfernen. Dabei die Sicherheitsregeln beachten und die Arbeitsstelle absperren. Auf mögliche Gefährdung hinweisen.
- Spannungsmessung an der Anschlussklemme durchführen und die Außenleiter und den Neutralleiter identifizieren. Falls eine Klemmbezeichnung vorhanden ist, die Richtigkeit der Klemmbezeichnung prüfen.
- Gemäß den fünf Sicherheitsregeln den Anlagenteil, an dem gearbeitet werden soll, spannungsfrei machen und durch örtlich geeignete Maßnahmen sicherstellen, dass nicht wieder eingeschaltet werden kann und die Spannungsfreiheit feststellen.
- Klemmen der Steckdose lösen und Adern identifizieren.
- Aktuelle Farbgebung einer 5-adrigen Leitung, Außenleiter: Schwarz, Braun, Grün, Neutralleiter: Blau, Schutzleiter: Grün-Gelb.
- Anschlussleitung des Gerätes herrichten.
- Adern gemäß Herstellervorgabe mit den Außenleitern, dem Neutralleiter und dem PE-Leiter der Netzzuleitung verbinden.
- Zugentlastung montieren.
- Deckel aufschrauben, dabei Leitungen nicht quetschen.

**Prüfungen nach Anschluss des Gerätes**
- Funktionsprüfung,
- niederohmige Schutzleiterverbindungen,

**Verantwortlichkeiten**

Die Elektrofachkraft für festgelegte Tätigkeiten ist für die normgerechte, fachgerechte und sicherheitsgerechte Ausführung der Arbeiten, für die sie bestellt ist, verantwortlich. Sie führt diese in eigener Fachverantwortung aus.

### 6.4.3 Anschlussarbeiten auf der Baustelle

## ARBEITSANWEISUNG

**Geltungsbereich**

Austauschen von defekten Betriebsmitteln für Spannungen > 50 V AC und Neuanschluss von Betriebsmitteln.

**Anwendungsbereiche**

Diese Arbeitsanweisung gilt für Arbeiten an elektrischen Anlagen mit Spannungen berührbarer Teile > 25 V AC oder 60 V DC;
Ströme > 3 mA AC oder 12 mA DC.

**Gefährdungen**

- Gefährliche Körperdurchströmungen,
- Lichtbogenbildung durch Überbrücken von unter Spannung stehenden Teilen,
- Zerstörung von Betriebsmitteln durch unsachgemäße Anwendung,
- Zerstörung von Betriebsmitteln durch falschen Anschluss.

**Schutzmaßnahmen und Verhaltensregeln**

- Anlage immer spannungsfrei schalten und die ersten drei der fünf Sicherheitsregeln zwingend beachten.
- Nur einwandfreie Messleitungen mit weitestgehendem Berührungsschutz verwenden.
- Geeignete Messgeräte verwenden.
- Bei der Verwendung von Werkzeug auf dessen sachgerechten Gebrauch achten.
- Bei der Verwendung von Leitern und Tritten den sachgerechten Gebrauch beachten.
- Bei der Verwendung von elektrisch angetriebenen Werkzeugen persönliche Schutzgeräte verwenden.
- Nur für Baustellen geeignete Betriebsmittel verwenden.

## Verhalten bei Störungen
- Arbeit unterbrechen.
- Arbeitsstelle sichern.
- Falls Fachkunde vorhanden, Störung beseitigen, ansonsten verantwortlichen Vorgesetzten informieren.

## Verhalten bei Unfällen – Erste Hilfe
- Anlage frei schalten, z. B. durch Betätigen der Not-Aus-Einrichtung, Stecker ziehen, Hauptschalter ausschalten, ggf. Verletzten bergen.
- Rettungskette einleiten.
- Flucht- und Rettungsplan, Erste-Hilfe-Maßnahmen, z. B. Herz-Lungen-Wiederbelebung, durchführen.
- Nach jedem elektrischen Unfall ist ärztliche Betreuung erforderlich.

## Kontrolle des Arbeitsverantwortlichen
- Vor der Arbeitsaufnahme sind der Arbeitsplatz und alle zur Anwendung kommenden Hilfsmittel auf den ordnungsgemäßen Zustand zu kontrollieren.
- Beschädigte Gegenstände sind auszusortieren.
- Arbeiten mehr als eine Person am Prüfplatz, so erteilt der Arbeitsverantwortliche nach Unterweisung die Freigabe des Prüfplatzes.

## Arbeitsablauf und Sicherheitsmaßnahmen
- Anlage gemäß den fünf Sicherheitsregeln freischalten, gegen Wiedereinschalten sichern und Spannungsfreiheit feststellen.
- Beim Auswechseln von Betriebsmitteln die Beschaltung notieren.
- Elektrische Anschlussleitungen aus dem Klemmbrett entfernen und dabei auf Beschädigung achten. Bei Beschädigung der Adern Leitung kürzen oder gegen eine Leitung gleichen Typs austauschen.
- Betriebsmittel austauschen.
- Leitung in das Betriebsmittel einführen. Auf richtigen Sitz von Dichtungen und Zugentlastungen achten.
- Adern gemäß notierter Beschaltung anschließen. Dabei auf Quetschungen der Adern untereinander und an dem Gehäuse achten.
- Funktion der Schutzmaßnahmen gegen elektrischen Schlag prüfen (Hinweis: Die niederohmige Schutzleiterverbindung muss oftmals vor dem Anschluss des PE-Leiters an das Betriebsmittel gemessen werden).

- Prüfprotokoll ausfüllen und Messungen bewerten.
- Spannung einschalten und Funktionsprüfung durchführen, dazu Messung der Stromaufnahme unter Last, Funktion der Schalteinrichtungen und Sicherheitseinrichtungen prüfen.

**Instandhaltung**
- Persönliche Sicherheitseinrichtungen mindestens jährlich durch eine Elektrofachkraft prüfen lassen.
- Reparaturen nur durch beauftragte Elektrofachkräfte durchführen lassen.
- Funktion des persönlichen Fehlerstromschutzschalters vor Arbeitsbeginn durch Betätigen der Prüftaste und mindestens halbjährlich durch Messung der elektrischen Eigenschaften prüfen lassen.

**Abschluss der Arbeiten**
- Herstellen des ordnungsgemäßen und sicheren Anlagenzustands
- Abräumen der Arbeitsstelle.
- Defekte Betriebsmittel aussortieren und sachgerecht entsorgen.
- Einweisung des Bedieners.

### 6.4.4 Fehlersuche Körperschluss

Die Fehlerstrom-Schutzeinrichtung löst bei Einschalten eines Motors aus.
- Überprüfung des Isolationswiderstands.
- Prüfgrundlage für den Motor ist DIN VDE 0100-600 für den Teil der festen Installation und DIN VDE 0702-0702 für den Motor.
- Zusätzlich sind die Vorgaben des Motorherstellers zu beachten.

### 6.4.4.1 Arbeitsschritte im Netz mit Fehlerstrom-Schutzeinrichtung

- Betriebsmittel spannungsfrei machen und die Spannungsfreiheit sicherstellen und feststellen (fünf Sicherheitsregeln).
- Klemmenkastendeckel entfernen.
- Leitungen von Klemme L und N sowie Schutzleiter abklemmen.
- Schraube für die Elektronik-Masseverbindung abschrauben.
- Klemme L und N mit einer kurzen Leitung kurzschließen.
- Messgerät auf 500 V Messspannung einstellen.
- Zwischen Klemme L/N und Erde messen. Herstellervorgaben beachten: max. 1.500 V AC/DC.

*Achtung: Es darf auf keinen Fall zwischen Außenleiter L und Neutralleiter N gemessen werden).*

- Die kurze Leitung zwischen Klemme L und N entfernen.
- Schraube für die Elektronik-Masseverbindung wieder einschrauben.
- Außenleiter L und Neutralleiter N sowie die Erdleitung montieren.
- Klemmenkastendeckel montieren.
- Sicheren Anlagenzustand herstellen.
- Versorgungsspannung einschalten.

### 6.4.4.2 Arbeitsschritte im TN-System mit Abschaltung durch die Überstromschutzeinrichtung

- Messung des Schutzleiterstromes zur Feststellung der Isolationsfähigkeit,
- Klemmenkastendeckel entfernen,
- Leckstromzange um den Außenleiter und den Neutralleiter legen,
- Pumpe einschalten,
- Messwert ablesen und dokumentieren. Max. zulässiger Ableitstrom für dieses Gerät < 5 mA,
- Klemmkastendeckel schließen,
- Sicheren Anlagenzustand herstellen,
- Versorgungsspannung einschalten.

## 6.5 Übungsaufgaben

**Aufgabe 6.1**
Welche Regelwerke der Berufsgenossenschaft sollte die EFKffT außer DGUV Vorschrift 3 kennen, um Gefahren bei der Durchführung der Arbeit erkennen und sicherheitsgerecht handeln zu können?

**Aufgabe 6.2**
Mit welchen Maßnahmen verhindern Sie Schäden an der Anschlussleitung eines Betriebsmittels, wenn dieses nicht starr befestigt ist?

**Aufgabe 6.3**
Durch welche Maßnahmen wird Zug oder Druck auf die Klemmstelle einer Leitung verhindert?

**Aufgabe 6.4**
Ein Drehstrommotor ist für die Leiterspannung von 400 V gebaut. Sie hat eine Bemessungsleistung von 5 kW. Der Leistungsfaktor beträgt 0,85 und der Wirkungsgrad 80 %. Mit welcher Stromaufnahme rechnen Sie im Betrieb?

**Aufgabe 6.5**
Welche Maßnahmen führen Sie durch, um Leitungen gegen Beschädigung zu schützen?

**Aufgabe 6.6**
Welche Sicherung zum Schutz gegen Überlast und Kurzschluss würden Sie bei einer elektrische Heizung einsetzen, die mit einer Leistung von 2.500 W bei 230 V angegeben ist?

**Aufgabe 6.7**
Nennen Sie die Arbeitsschritte, die zum Auswechseln eines Motors erforderlich sind, nachdem der Motor eingebaut ist.

**Aufgabe 6.8**
Welche Einzelschritte sind zur Prüfung eines Betriebsmittels nach einer Instandsetzung erforderlich?

**Aufgabe 6.9**
Welche Prüfungen sind erforderlich, wenn die Funktion der Schutzmaßnahme an einem elektrischen Antrieb im TN-System nachgewiesen werden muss, für die zur Abschaltung ein Leitungsschutzschalter vom Typ 16 A/B installiert ist?

**Aufgabe 6.10**
Muss der Schaltschrank einer älteren Maschine an die aktuellen VDE-Bestimmungen angepasst werden?

**Aufgabe 6.11**
Was sollten Sie beachten, wenn Sie eine neue Leitung einer Messeinrichtung im Schaltschrank einer Maschine verlegen?

**Aufgabe 6.12**
Wie führen Sie den Schutzpotentialausgleich an einer Maschine durch?

# 7 Beispielhafte Tätigkeiten an Rollläden, Fenstern, Türen und Toren

**Lernziele dieses Kapitels**
Sie lernen, die elektrischen Betriebsmittel, wie Rollläden, Fenster, Türen, Tore, und die dazugehörigen Betriebsmittel fachgerecht anzuschließen. Sie lernen dabei die verschiedenen Anschlussvarianten kennen. Ebenso erfahren Sie, wie Sie die notwendigen Prüfungen durchführen.

## 7.1 Besondere Gefahren im Arbeitsbereich

Bei Licht- und Sonnenschutzanlagen wie auch bei Türen und Toren müssen Quetsch- und Scherstellen vermieden werden. Diese stellen insbesondere bei Prüfvorgängen und bei der Inbetriebnahme eine große Gefahr für die Elektrofachkraft dar. Auch bei Funktionsprüfungen zur Störungsbeseitigung sind die Gefahren nicht zu unterschätzen.

### 7.1.1 Arbeitsschutzvorschriften

Im Zusammenhang mit der Montage von kraftbetätigten Türen und Toren gelten, neben den bisher schon besprochenen Arbeitsvorschriften, weitere Regelwerke. Beispiele hierfür sind:
- DGUV Grundsatz 308-006 [53] „Prüfbuch für kraftbetätigte Tore",
- DGUV Information 208-022 [54] „Türen und Tore" und
- DGUV Information 203-026 [55] „Sicherheit von kraftbetätigten Karusselltüren".

Weitere Veröffentlichungen der IFA und IAG finden Sie in der Datenbank der Deutschen Gesetzlichen Unfallversicherung (DGUV).

### 7.1.2 Licht- und Sonnenschutzanlagen

**Definition**
Zu Licht- und Sonnenschutzanlagen zählen Rollladen, Markisen, Jalousien, Rollos.

**Anwendungsbereiche**
Rollläden finden sowohl Verwendung beim winterlichen, als auch beim sommerlichen Wärmeschutz. Weiterhin finden sie Verwendung zur Gewährleistung von
- Schallschutz,
- Einbruch- und Objektschutz,
- Wetterschutz,
- Sichtschutz,
- Beschattung,
- Abdunkelung.

Einsatzgebiete sind Wohn-, Gewerbe- und Verwaltungsbauten, Schulen, Krankenhäuser und in den sonstigen Bereichen: als Thekenabschluss, Raumteiler, Maschinen- und Schrankabschluss, Kfz-Abschluss und Schwimmbadabdeckung.

Markisen, Jalousien und Rollos erfüllen vorrangig Aufgaben des sommerlichen Wärmeschutzes.

Die neue Energieeinsparverordnung, seit 1. Februar 2002 in Kraft, weist wirkungsvolle Wege zum wirksamen Wärmeschutz:
- sie begrenzt den Bedarf an Primärenergie zur Gebäudeheizung, Belüftung und Trinkwassererwärmung und
- sie fordert für Gebäude mit einem Fensterflächenanteil über 30% verbindlich einen Nachweis des sommerlichen Wärmeschutzes.

Die Energieeinsparverordnung (EnEV) [56] soll eine energieparende Bauweise gewährleisten. Energieeinsparung kann danach auch mithilfe von Sonnenschutz erreicht werden, indem der Kühllastbedarf reduziert wird. Ein Auszug aus der Verordnung über energiesparenden Wärmeschutz und energiesparende Anlagentechnik bei Gebäuden belegt dies:

§ 3 Gebäude mit normalen Innentemperaturen

*(4) „Um einen energiesparenden sommerlichen Wärmeschutz sicherzustellen, sind bei Gebäuden mit einem Fensterflächenanteil über 30 von Hundert, die Anforderungen an die Sonneneintragskennwerte oder die Kühlleistung nach Anhang 1 Nr. 2.9 einzuhalten."*

**Für Licht- und Sonnenschutzanlagen werden verschiedene Antriebsarten verwendet:**
- Gurtzug, Gurtzuggetriebe, Drahtseilwinde, Friktionsgetriebe, Federwelle,
- Elektroantriebe einphasig, dreiphasig.

Die folgenden Betrachtungen beziehen sich ausschließlich auf die Fragestellungen der elektrischen Antriebe.

## 7.1.3 Fenster-, Tür- und Toranlagen

Für die Errichtung und den Betrieb von kraftbetätigten Türen und Toren gelten heute neuen Technischen Regel für Arbeitsstätten. Die ASR A1.7 [57] „Türen und Tore" ersetzen die alten die alten Arbeitsstätten-Richtlinien (ASR), ASR 10/1 „Türen und Tore", ASR 10/5 „Glastüren, Türen mit Glaseinsatz", ASR 10/6 „Schutz gegen Ausheben, Herausfallen und Herabfallen von Türen und Toren" und ASR 11/1-5 „Kraftbetätigte Türen und Tore".

Von Seiten der Berufsgenossenschaft gelten die DGUV Information 208-022 [54] und DGUV Information 208-026 [55] für Tore bzw. Türen.

**Anwendungsbereiche**
Kraftbetätigte Fenster, Türen und Tore finden sowohl im privaten als auch im gewerblichen Bereich Verwendung.

Eine Vielzahl von Gebäudeöffnungen und Grundstückzugängen werden mithilfe von kraftbetätigten Fenstern, Türen und Toren verschlossen. Die jeweiligen Besonderheiten des Anwendungsfalls können durch eine breite Palette der Produktanbieter abgedeckt werden. Nur in den seltensten Fällen müssen spezielle Anpassungen vorgenommen werden. Gleichzeitig gilt es eine Vielzahl von Vorschriften zu beachten, die neben der Betriebssicherheit den Menschen vor möglichen Gefährdungen durch automatische Bewegungsabläufe schützt.

**Antriebsarten**
Es finden folgende Antriebsarten Verwendung:
- Drahtseilwinde – Friktionsgetriebe und
- Elektroantriebe einphasig, dreiphasig, üblicherweise ausgeführt als Getriebemotoren.

Die folgenden Betrachtungen beziehen sich ausschließlich auf die Fragestellungen der elektrischen Antriebe.

## 7.1.4 Auswahl von elektrischen Betriebsmitteln

Es ist darauf zu achten, dass die geltenden Sicherheitsanforderungen eingehalten worden sind. Die zur Errichtung erforderlichen elektrischen Betriebsmittel müssen mit dem CE-Zeichen gekennzeichnet sein. Sie sollten, soweit möglich, ein GS-Zeichen und ein Prüfstellenzeichen, z. B. Verband Deutscher Elektrotechniker e.V. (VDE) tragen.

Über diese Anforderungen hinaus sind Anlagen nur dann zu montieren und in Betrieb zu nehmen, wenn die Sicherheitsvorschriften (im Abschnitt 7.1.6 erläutert) erfüllt sind. Grundsätzlich müssen die mitgelieferten Unterlagen einen Hinweis enthalten, dass das Antriebssystem den geltenden Vorschriften entspricht, z. B. mit folgender Formulierung:

*„Dieses Antriebssystem entspricht den CEE 89/392 EN 61000-3-2, EN 61000-3-3 ..."* [58] im Zusammenhang mit der elektromagnetischen Strahlung. Außerdem wird üblicherweise ein Hinweis vermerkt, welcher Schutzklasse diese Gerätetechnik zuzuordnen ist.

### 7.1.5 Errichtung und Betrieb

Jeder Hersteller verweist in seinen technischen Unterlagen auf die Einsatzbedingungen der Anlage. Die Nichtbeachtung dieser Unterlagen kann Gefährdungen hervorrufen, die in den Gewährleistungsbereich des Anlagenerrichters fallen, also der Firma, die die Anlage vor Ort montiert und in Betrieb nimmt.

Aus diesem Grund müssen Anlagen gemäß den Hinweisen in den technischen Unterlagen (Montage-, Wartungs- und Bedienungsanleitungen), errichtet und betrieben werden.

### 7.1.6 Normen und Vorschriften im Rolltorbereich

Im Rahmen des gemeinsamen Marktes in Europa, besteht die Aufgabe Handelshemmnisse zu beseitigen. Zu diesem Zwecke müssen auch die technischen Vorschriften angeglichen werden. Dies geschieht durch Richtlinien der Europäischen Kommission, wie z.B. die Maschinenrichtlinie und die Bauprodukterichtlinie. Die Mitgliedsstaaten sind gehalten, diese Richtlinien in nationales Recht umzusetzen. Parallel dazu werden auch die technischen Regeln, wie z.B. Normen, entsprechend angeglichen. Im Bereich Tore sind schon viele wichtige Normen fertiggestellt worden, die Produktnorm, die alle Anforderungen zusammenführt, aber noch nicht.

Die gültigen Normen werden nachfolgend inhaltlich beschrieben. Dazu zunächst eine Zusammenfassung:

1. Die Sicherheitsbestimmungen unterscheiden nicht mehr zwischen gewerblich und privat genutzten Toren. In DIN EN 12453 [59] wird ein Mindestschutzniveau beschrieben. Eine Sonderregelung gilt für private Garagentore.

## 7.1 Besondere Gefahren im Arbeitsbereich

2. Es besteht keine Nachrüstpflicht für Tore, die vor dem Inkrafttreten der Normen in den Verkehr gebracht wurden.
3. Die Anforderung an die Sicherheitseinrichtungen gegen das Quetschen, Scheren, Einziehen oder Stoßen am Tor sind im Prinzip die gleichen, wie die in der BGR 232.
4. Erstmalig wird festgelegt, was ein privates Garagentor ist, nämlich ein Tor an Privatgaragen, ausschließlich für den Privathaushalt, das nicht in öffentliche Verkehrsflächen hinein öffnet. Allerdings ist nicht definiert, wie weit das Tor von einer öffentlichen Verkehrsfläche entfernt sein muss, um diese Bedingungen zu erfüllen, ob z. b. ein Abstand von einer Fahrzeuglänge von der Grundstücksgrenze ausreicht.
5. Im Gegensatz zur BGR 232, die nur für kraftbetätigte Tore Gültigkeit hat, sind einige der Sicherheitsvorschriften auch auf andere Tore anzuwenden.

### DIN EN 12424 [60]

Da Tore als alleiniger Abschluss einer Öffnung dienen, müssen diese auch der voraussichtlich auftretenden maximalen Windlast widerstehen können.

Da der Hersteller oder Lieferer des Tores nicht wissen kann wie diese Lasten sind, muss der Betreiber diese festlegen. Als Hilfsgröße sind Klassen vorgesehen, die in dieser Norm definiert werden. Als weiterführende Unterlagen werden empfohlen: ENV1991-2-4, Eurocode 1: Grundlagen der Tragwerksplanung und Einwirkungen auf Tragwerke Teil 2-4: Einwirkungen auf Tragwerke – Windlasten.

Relevant ist ebenfalls die DIN 1055 [61].

Die dazugehörige Prüfnorm ist DIN EN 12444 [62], in der auch Verfahren für eine vereinfachte Berechnung enthalten sind, da eine Prüfung in voller Größe oft nicht möglich ist.

### DIN EN 12425 [63] und folgende

In diesen Normen werden Klassen und Verweise für bestimmte Eigenschaften beschrieben. Anforderungen für bestimmte Anwendungen sind in den Tornormen nicht enthalten. So sind in DIN EN 12425 Klassen für die Fähigkeit des Tores festgelegt, dem Eindringen von Wasser zu widerstehen.

### DIN EN 12433 [64]

Diese Norm ist in zwei Teile gegliedert, Teil 1 enthält die Torbauarten, Teil 2 enthält die wichtigsten Begriffe und Beschreibungen der Bauteile von

Toren und weitere Festlegungen, die für das Verständnis der Tore erforderlich sind, wie Betätigungsarten, Steuerungssysteme, Betätigungsmechanismen, Gefahrstellen.

## DIN EN 16005 [65]

Geregelt werden die Leistungsanforderungen hinsichtlich der Nutzungssicherheit aller Arten von kraftbetätigten Toren, die für den Einbau in Zugangsbereichen von Personen vorgesehen sind und deren hauptsächliche Verwendung es ist, eine sichere Zufahrt für Waren und Fahrzeuge, geführt (gesteuert) von Personen, in industriellen, gewerblichen oder Wohnanlagen zu ermöglichen. Mögliche Gefährdungen und Schutzmaßnahmen werden klar beschrieben.

Zu beachten ist, dass diese Norm für alle Arten von Toren gilt, auch für Tore im Privatbereich!

Das notwendige Schutzniveau von Toren wird nach der Art der Torbetätigung und der Nutzung durch unterschiedliche Personengruppen klassifiziert.

Wie schon mehrfach erwähnt, gelten grundsätzlich die gleichen Forderungen wie nach den Unfallverhütungsvorschriften und Arbeitsschutzbestimmungen, jedoch unter zusätzlicher Einbeziehung von Scher-, Einzugs- und Stoßstellen sowie einer Sicherung gegen Erfassen und Einschließen. Eine Erleichterung dieser Vorschriften wurde bezüglich privater Garagentore aufgenommen, aber nur bei einer Steuerung ohne Selbsthalt über Schlüsselschalter.

## DIN EN 12604 [66]

Diese europäische Norm legt die mechanischen Anforderungen für Tore und Schranken fest, und zwar unabhängig davon, ob sie hand- oder kraftbetätigt sind. Tore sollen so konstruiert sein, dass sie auf sichere Weise eingebaut, gewartet, repariert und genutzt werden können. Mechanische Gefährdungen müssen durch das Konstruktionsprinzip oder durch geeignete Schutzeinrichtungen vermieden oder gesichert werden. Sofern dies nicht möglich ist, müssen die Gefahrstellen oder die Restrisiken durch geeignete Warnzeichen kenntlich gemacht werden. Diese Norm findet keine Anwendung auf Tore, die zum Zeitpunkt des Inkrafttretens der Norm bereits in Betrieb waren, sie ist jedoch bei der Nachrüstung mit einem anderen Antrieb anzuwenden. Beschrieben werden die möglichen Gefahren und auch die Maßnahmen, die dagegen zu treffen sind. Erwähnenswert ist es, dass Absturzsicherungen bei vertikal bewegten Torflügeln auch bei Handantrieb erforderlich sind. Die dazugehörigen Prüfverfahren sind in DIN EN 12605 festgehalten.

Zusammenfassend bleibt festzuhalten, dass durch die neue Normung wesentliche Änderungen auftreten, aber der verantwortungsbewusste Rolltorhersteller, der sich schon in der Vergangenheit Gedanken über größtmögliche Sicherheit bei Toren machte, wird mit der rein technischen Ausführung wenig Probleme haben.

Ein Stolperstein wird die Konformität und die CE-Kennzeichnung sein, wenn es nicht gelingt, einfache und auch für kleinere Betriebe durchführbare Prüfungen und Zulassungen zu schaffen, bei einer restriktiven Umsetzung der Vorgaben der Bauproduktrichtlinie ist die Vielfalt der Anbieter in Gefahr.

## 7.2 Anschließen von elektrischen Betriebsmitteln

Die elektrischen Betriebsmittel sind entweder herstellerseitig mit passenden Geräteanschlussleitungen versehen oder sie werden über konfektionierte Leitungen oder vor Ort zugerichtete Leitungen im vorgesehenen Klemmraum angeschlossen. Die durchgeführte Arbeit wird durch eine Prüfung beurteilt.

Die ortsfeste elektrische Anlage ist nicht Umfang der Tätigkeit. Der Leistungsumfang beginnt an den Klemmen der Geräteanschlussdose oder einer sonstigen Übergabestelle.

## 7.3 Leitungsverlegung im Erdreich

Im Gegensatz zu den meisten anderen Tätigkeiten einer EFKffT kommt es im Bereich der elektrischen Antriebe von Toren vor, dass interne Leitungen der Steuerung oder Motorzuleitung durch das Erdreich verlegt werden müssen. Im Erdreich dürfen nur Erdkabel verlegt werden. Das sind meistens Kabel vom Typ NYY. Mantelleitungen oder andere PVC-isolierte Leitungen sind für die Verlegung im Erdreich, auch bei Verwendung eines Schutzrohres nicht geeignet. Die Kabel sind im Kabelgraben mindestens 0,6 m unter der Eroberfläche (0,8 m unter Straßen) auf glatter, steinfreier Grabensohle zu verlegen. Ein zusätzlicher Schutz durch Abdeckung (z. B. Kabelhauben,

Betonplatten, Backsteine), wie früher üblich, wird nicht gefordert und nur noch selten durchgeführt. Bewährt hat sich stattdessen der Einsatz von Trassenwarnbändern aus Kunststoff. Erdkabel dürfen in Gebäuden auf, oder unter Putz sowie in Rohren oder Kanälen verlegt werden.

## 7.4  Übungsaufgaben

**Aufgabe 7.1**
Welche Kennzeichen müssen auf einem elektrischen Betriebsmittel angebracht sein?

**Aufgabe 7.2**
Wie ordnen Sie die Farben einer 5-adrige Leitung den Leitern zu, wenn diese an ein elektrisches Betriebsmittel angeschlossen werden?

**Aufgabe 7.3**
Welche Leitungstypen dürfen im Erdreich verlegt werden und in welcher Mindesttiefe sind diese zu verlegen?

**Aufgabe 7.4**
Welche Eigenschaft hat ein Betriebsmittel, das die Kennzeichnung IP44 trägt?

**Aufgabe 7.5**
Beschreiben Sie, wie eine Motoranschlussleitung mit einer vorhandenen Leitung der Elektroinstallation verbunden werden kann. Nennen Sie zwei Möglichkeiten und die Rahmenbedingungen.

**Aufgabe 7.6**
Welche Geräte sind erforderlich, damit zwei Rolladenantriebe mit einem Schalter betrieben werden können?

**Aufgabe 7.7**
Wie wird eine Schaltung benannt, mit der ein Rolltorantrieb mit einem dreiphasigen Antriebsmotor die Drehrichtung wechseln kann?

**Aufgabe 7.8**
Sie sollen eine außenliegende Beschattungsanlage installieren. Mit welchen Maßnahmen verhindern Sie Schäden bei Unwetter, wenn die Anlage ausgefahren ist?

## Aufgabe 7.9
Sie installieren an der Geländeeinfahrt eine Toranlage und führen dazu Energieversorgungsleitungen und Steuerleitungen von dem Tor zum Schaltschrank im Gebäude. Das Gebäude ist mit einer Blitzschutzanlage ausgerüstet. Was müssen Sie bei der Installation der Toranlage beachten?

## Aufgabe 7.10
Welche Schutzgeräte dürfen bei einem Rolltor in Abhängigkeit von dem in der Anlage vorhandenem Netzsystem (TN oder TT-System) verwendet werden, um den Schutz durch Abschaltung im Fehlerfall sicherzustellen?

# de BUCH
www.elektro.net

# FACHWISSEN FÜR UNTERWEGS

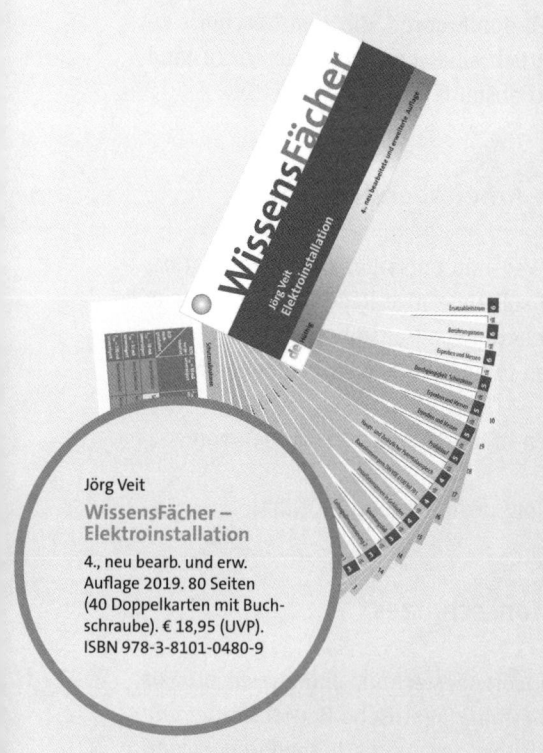

Der bekannte WissensFächer Elektroinstallation wurde für die 4. Auflage komplett überarbeitet und an den aktuellen Normenstand angepasst.

**Aufgezeigt werden wichtige Tabellen und Abbildungen zu den Themen:**

- Sicherheit in elektrischen Anlagen,
- Schutzmaßnahmen,
- Auslegung von elektrischen Anlagen,
- Installationstechnik gemäß DIN und VDE,
- Prüfen elektrischer Anlagen nach DIN VDE 0100 Teil 600,
- Prüfen von Geräten gemäß DIN VDE 0701/0702,
- Selektivität im Kurzschlussfall.

Jörg Veit
WissensFächer – Elektroinstallation
4., neu bearb. und erw. Auflage 2019. 80 Seiten (40 Doppelkarten mit Buchschraube). € 18,95 (UVP).
ISBN 978-3-8101-0480-9

## IHRE BESTELLMÖGLICHKEITEN

- Fax: +49 (0) 89 2183-7620
- E-Mail: buchservice@huethig.de
- www.elektro.net/shop

Hier Ihr Fachbuch direkt online bestellen!

de das elektrohandwerk
www.elektro.net

Hüthig GmbH, Im Weiher 10, D-69121 Heidelberg,
Tel.: +49 (0) 800 2183-333

# 8 Beispielhafte Tätigkeiten in der Wasserversorgungstechnik

**Lernziele dieses Kapitels**

Sie lernen, die elektrischen Betriebsmittel, die in Wasser- und Abwassertechnischen Anlagen eingesetzt werden fachgerecht anzuschließen. Sie lernen dabei die verschiedenen Anschlussvarianten kennen. Ebenso lernen Sie, wie Sie die notwendigen Prüfungen durchführen, die zum Abschluss einer elektrotechnischen Arbeit erforderlich sind, um den sicheren Zustand der Anlage, der Maschine oder des Betriebsmittels zu gewährleisten.

## 8.1 Besondere Gefahren im Arbeitsbereich

Die Tätigkeit im Bereich von Wasser-, Ver- und Entsorgungsanlagen birgt besondere Gefahren. Aus diesem Grund soll auf einige Regelwerke hingewiesen werden, die diese Hinweise auf sichere Arbeitsausführung geben:

- DGUV Regel 103-003 [67] „Arbeiten in umschlossenen Räumen von abwassertechnischen Anlagen",
- DGUV Regel 103-004 [68] „Arbeiten in umschlossenen Räumen von abwassertechnischen Anlagen",
- DGUV Regel 113-001 [69] „Explosionsschutz-Regeln (EX-RL)".

## 8.2 Grundlagen des Explosionsschutzes

In Anlagen der Wasser-, Ver- und Entsorgungstechnik finden sich oftmals Bereiche, in denen Explosionsgefahr besteht. Elektrische Betriebsmittel und Arbeiten an elektrischen Anlagen müssen dort unter besonderen Sicherheitsmaßnahmen errichtet und betrieben werden. Der nachfolgende Abschnitt zeigt die Gefahren auf und vermittelt grundlegende Kenntnisse zum Explosionsschutz.

## 8.2.1 Physikalische und technische Grundlagen des Explosionsschutzes

Die Tätigkeiten an elektrotechnischen Anlagen im Wasser- und Abwasserbereich erfordern in vielen Anlagen grundlegende Kenntnisse des Explosionsschutzes. In diesem Abschnitt werden folgende Themen in der Tiefe angesprochen, wie sie zum Verständnis der Zusammenhänge zwischen der elektrotechnischen Arbeit und der Anlagenfunktion erforderlich sind.

Im Einzelnen sind dies:

- Definitionen zum Gas-, Staub- und nichtelektrischen Explosionsschutz,
- Primärer, sekundärer, tertiärer Explosionsschutz,
- Klassifizierung des Betriebes und der Betriebsmittel.

## 8.2.2 Wichtige Begriffe

**Verpuffung:**
Übergang von einer Verbrennung in eine Explosion.
Die Fortpflanzungsgeschwindigkeit der Flamme beträgt einige cm/s bis zu einigen m/s. Die daraus resultierenden Drücke sind relativ gering.

**Explosion:**
plötzliche Oxidations- oder Zerfallsreaktion mit Anstieg von Temperatur und Druck. Die Fortpflanzungsgeschwindigkeit der Flamme beträgt einige m/s bis zu mehreren 100 m/s. Der Explosionsdruck beträgt bis zu 10 bar bei Gasen und bis zu 14 bar bei Stäuben.

**Detonation:**
Explosion mit Überschallgeschwindigkeit. Die Fortpflanzungsgeschwindigkeit der Flamme kann bis zu 3 km/s betragen und es können Drücke bis zu 20 bar auftreten.

**Hybrides Gemisch:**
– Gemisch aus Luft und brennbaren Stoffen in unterschiedlichen Aggregatzuständen, z. B. Methan, Benzindampf, Kohlenstaub und Luft
– explosionsfähig innerhalb und außerhalb der Explosionsgrenzen der einzelnen Stoffe
– hoher Energiegehalt

**Dispersionsgrad:**
Verteilungsgrad, der sich auf Nebel oder Stäube bezieht. Bei Gasen oder Dämpfen ist er immer ausreichend.

### Gefährliche explosionsfähige Atmosphäre:

Ein explosionsfähiges Gemisch ist ein Gemisch aus Gasen oder Dämpfen, in dem sich nach erfolgter Zündung eine Reaktion selbständig fortpflanzt. Ist die Umgebungsluft beteiligt, so nennt man das „explosionsfähige Atmosphäre". Tritt die explosionsfähige Atmosphäre in gefährdender Menge (10 l zusammenhängend) auf, spricht man von „gefährlicher explosionsfähiger Atmosphäre".

Als atmosphärische Bedingungen gelten Gesamtdrücke von 0,8 bar bis 1,1 bar und Gemischtemperaturen von $-20\,°C$ bis $+40\,°C$.

### Explosionskenngrößen:

- maximaler Explosionsüberdruck $p_{max}$ – ist das Maß für die bei der Explosion freigesetzte Energie
- maximaler zeitlicher Anstieg $(dp/dt)_{max}$ – ist das Maß für die Heftigkeit der Explosion
- normierte Druckanstiegsgeschwindigkeit – ist die Druckanstiegsgeschwindigkeit bei einem Volumen von $1\,m^3$., zu berechnen über die Gleichung: $K_{St} = (dp/dt)_{max} \cdot V^{1/3}$

### Voraussetzungen für eine Explosion:

- hoher Dispersionsgrad der brennbaren Stoffe,
- Konzentration der brennbaren Stoffe in der Luft innerhalb ihrer Explosionsgrenzen,
- gefahrdrohende Menge explosionsfähiger Atmosphäre,
- wirksame Zündquelle.

Wenn alle Faktoren zusammentreffen, ist eine Explosion möglich.

### Wirkung der Explosion:

- Explosionsdruck bis ca. 10 bar ($100\,t/m^2$),
- Explosionstemperatur bis ca. $3.000\,°C$,
- Ab 250 mbar bersten Fensterscheiben, ab 300 mbar zeigen sich Risse in Wänden.

## 8.2.3 Primärer Explosionsschutz

Die Entstehung einer explosionsfähigen Atmosphäre wird verhindert durch:
- den Ersatz brennbarer Stoffe,
- eine Konzentrationsbegrenzung,
- eine Inertisierung,

- die Verhinderung oder Einschränkung der Bildung explosionsfähiger Atmosphäre in der Nähe von Anlagen,
- die Überwachung der Konzentration in der Umgebung von Anlagen,
- Maßnahmen zum Beseitigen von Staubablagerungen.

**Ersatz brennbarer Stoffe**

Eine Verhinderung der Bildung einer explosionsfähigen Atmosphäre ist durch den Ersatz brennbarer Stoffe möglich:
- Ersatz brennbarer Lösungsmittel durch wässrige Lösungen,
- Ersatz brennbarer pulverförmiger Füllstoffe durch nicht brennbare Füllstoffe.

**Konzentrationsbegrenzung**
- Einhaltung bestimmter Betriebs- und Umgebungsbedingungen,
- Temperatur an der Oberfläche brennbarer Flüssigkeiten weit unterhalb des Flammpunktes halten,
- Sicherheitsabstand.

Das ist bei Stäuben schwierig zu erreichen. Die Maßnahmen müssen überwacht werden, z. B. durch eine Temperaturüberwachung mit der Kopplung der Überwachung an das Auslösen eines Alarms.

**Inertisierung**

Die Inertisierung von Räumen bezeichnet den Vorgang, durch Zugabe von inerten Gasen oder Dämpfen den Luftsauerstoff der reaktions- bzw. explosionsfähigen Gase oder Gasgemische aus Räumen zu verdrängen.

Inerte Stoffe sind reaktionsträge (Edelgase, Stickstoff).

Zur Durchführung der Maßnahme muss die Sauerstoffkonzentration bekannt sein, bei der noch keine Explosion erfolgt. Die Überwachung der Sauerstoffkonzentration oder der Konzentration der inerten Gase ist erforderlich.

**Verhindern der Bildung explosionsfähiger Atmosphäre in der Nähe von Anlagen**

Eine notwendige Maßnahme ist es, eine technisch dichte Ausführung der Anlagen zu erreichen.

Lässt sich der Austritt brennbarer Stoffe verfahrenstechnisch nicht verhindern, so kann die Bildung der explosionsfähigen Atmosphäre durch Lüftung verhindert werden. Die Anforderung an die Lüftung findet man in den Explosionsschutzregeln.

Zusätzlich gilt die Überwachung der Konzentration in der Anlagenumgebung. Zum Einsatz kommen Gaswarngeräte. Dazu ist die Kenntnis der Eigenschaften der zu erwartenden Stoffe notwendig. Die Geräte müssen für die Einsatzbedingungen geeignet und zuverlässig sein. Das ist gewährleistet, wenn die Geräte zugelassen sind.

Die durch die Gaswarngeräte ausgelösten Maßnahmen müssen außerhalb des Nahbereichs das Auftreten der explosionsfähigen Atmosphäre sicher verhindern.

**Beseitigen von Staubablagerungen**
Das ist nur durch regelmäßige Reinigung sicherzustellen. Die Erstellung von Reinigungsplänen über Umfang, Art und Häufigkeit der Reinigung zur Vermeidung von aufgewirbeltem Staub ist notwendig. Es sind auch schwer zugängliche Oberflächen zu reinigen. Reinigungsverfahren, bei denen Staub aufgewirbelt wird sind zu vermeiden. Bei Verwendung von Staubsaugern müssen diese zündquellenfrei sein.

### 8.2.4 Sekundärer Explosionsschutz

Die Zündung einer explosionsfähigen Atmosphäre wird verhindert durch:
- eine Zoneneinteilung explosionsgefährdeter Bereiche,
- Schutzmaßnahmen gegen mögliche Zündquellen,
- den Einsatz explosionsgeschützter elektrischer Betriebsmittel.

**Explosionsgruppen**
Explosionsgefährdete Anlagen werden in zwei Explosionsgruppen eingeteilt:
**Explosionsgruppe I:**
Bergbau
- Im Bergbau sind zwei gefährliche explosive Umgebungen bekannt: Grubengas und brennbare Stäube.

**Explosionsgruppe II:**
Für alle anderen explosionsgefährdeten Bereiche gilt die Explosionsgruppe II. Darin kommen Bereiche existieren in denen folgende explosionsfähige Stoffe vorkommen:
- Gemische aus Luft und Gasen,
- Dämpfe, Nebel und Stäube.

Die Explosionsgruppe II wird unterteilt in:
- *gasexplosionsgefährdete* Bereiche und
- *staubexplosionsgefährdete* Bereiche.

Die Stoffe der Ex-Gruppe II, die einen gasexplosionsgefährdeten Bereich zu bilden vermögen, werden unterteilt in die Ex-Gruppen IIA, IIB und IIC. Die Unterteilung erfolgt nach Zündfähigkeit und Zünddurchschlagverhalten Kriterien sind
- Grenzspaltweite (druckfeste Kapselung EEx d bzw. Ex d) und
- Mindestzündstrom (Eigensicherheit EEx i bzw. Ex i).

Die Gefährlichkeit nimmt von Gruppe IIA nach IIC zu.

## Zoneneinteilung

Die Gefährdung durch Explosionen steigt mit der Häufigkeit des Auftretens einer explosionsfähigen Atmosphäre und der Dauer, die diese vorhanden bleibt. Daraus resultieren die Schutzmaßnahmen. Da das Auftreten einer explosionsfähigen Atmosphäre von einer Reihe von Faktoren abhängig ist und damit auch unterschiedliche Schutzmaßnahmen notwendig werden können, werden explosionsgefährdete Bereiche in Zonen eingeteilt. Das gilt für explosionsgefährdete Bereiche getrennt auch für staubexplosionsgefährdete Bereiche.

**Gasexplosionsgefährdete Bereiche werden in die Zonen 0, 1, 2 eingeteilt.**

**Staubexplosionsgefährdete Bereiche werden in die Zonen 20, 21, 22 eingeteilt.**

Hilfen für die Einteilung in die Zonen finden sich in DIN VDE 0165-1 und der Beispielsammlung (grüne oder blaue Liste) der DGUV Regel 113-001.

## Zone 0

Die Zone 0 ist ein Bereich, in dem eine gefährliche explosionsfähige Atmosphäre als Gemisch aus Luft und brennbaren Gasen, Dämpfen oder Nebeln, *ständig, über längere Zeiträume oder häufig vorhanden* ist.
Beispielhaft sind das:
- das Innere von Behältern und
- das Innere vom Apparaturen (Verdampfer, Reaktionsgefäße)

wenn die Bedingungen der Definition für die Zone 0 (die explosionsfähige Atmosphäre ist ständig, über längere Zeiträume oder häufig vorhanden) erfüllt sind.

## Zone 1

Die Zone 1 ist ein Bereich, in dem sich bei Normalbetrieb *gelegentlich* eine gefährliche explosionsfähige Atmosphäre als Gemisch aus Luft und brennbaren Gasen, Dämpfen oder Nebeln bilden kann.

## 8.2 Grundlagen des Explosionsschutzes

Beispielhaft ist das
- die nähere Umgebung der Zone 0,
- die nähere Umgebung von Beschickungsöffnungen und
- der nähere Bereich von Füll- und Entleerungseinrichtungen.

### Zone 2
Die Zone 2 ist ein Bereich, in dem bei Normalbetrieb eine gefährliche explosionsfähige Atmosphäre als Gemisch aus Luft und brennbaren Gasen, Dämpfen oder Nebeln *normalerweise nicht oder aber nur kurzzeitig* auftritt.
Beispielhaft sind das Bereiche
- die die Zone 0 oder 1 umgeben und
- bestimmte Lageranlagen.

### Zone 20
Die Zone 20 ist ein Bereich, in dem gefährliche explosionsfähige Atmosphäre in Form einer Wolke aus in der Luft enthaltenem brennbaren Staub *ständig, über lange Zeiträume oder häufig vorhanden* ist.
Beispielhaft ist das
- das Innere von Behältern oder Apparaturen (Mühlen, Trockner, Mischer, Silos), wenn die Bedingungen nach Definition für die Zone 20 erfüllt sind.

### Zone 21
Die Zone 21 ist ein Bereich, in dem sich bei Normalbetrieb *gelegentlich* eine gefährliche explosionsfähige Atmosphäre in Form einer Wolke aus in der Luft enthaltenem brennbaren Staub bilden kann.
Beispielhaft dafür sind
- die nähere Umgebung von Beschickungsöffnungen,
- der nähere Bereich von Füll- und Entleerungseinrichtungen oder Bereiche, in denen Staubablagerungen vorhanden sind, durch deren Aufwirbelung gelegentlich eine gefährliche explosionsfähige Atmosphäre auftritt.

### Zone 22
Die Zone 22 ist ein Bereich, in dem bei Normalbetrieb eine gefährliche explosionsfähige Atmosphäre in Form einer Wolke aus in der Luft enthaltenem brennbaren Staub *normalerweise nicht oder aber nur kurzzeitig* auftritt.
Beispielhaft sind das
- Bereiche in der Nähe Staub enthaltender Anlagen, wenn Staub aus Undichtigkeiten austreten kann und sich Staubablagerungen bilden können.

## 8.2.5 Schutzmaßnahmen gegen mögliche Zündquellen

Potenzielle Zündquellen an denen sich explosionsfähige Atmosphären entzünden können sind:
- heiße Oberflächen,
- Flammen und heiße Gase,
- mechanisch erzeugte Funken,
- elektrische Anlagen,
- elektrische Ausgleichsströme, kathodischer Korrosionsschutz,
- statische Elektrizität,
- direkte oder indirekte Blitzeinschläge,
- elektromagnetische Felder im Bereich der Frequenzen von $3 \cdot 10^{11}$ Hz bis $3 \cdot 10^{15}$ Hz bzw. Wellenlängen von 100 µm bis 0,1 µm (optischer Spektralbereich),
- ionisierende Strahlung,
- Ultraschall,
- adiabatische Kompression, Stoßwellen, strömende Gase,
- chemische Reaktionen.

Im Folgenden werden mögliche Zündquellen näher beschrieben.

### Heiße Oberflächen

Heiße Oberflächen können unterteilt werden in funktional heiße Oberflächen und sekundäre heiße Oberflächen.

Funktional heiße Oberflächen sind Oberflächen, wie sie bei Heizkörpern, Trockenschränken und ähnlichen Objekten vorkommen.

Sekundäre heiße Oberflächen sind Oberflächen, wie sie bei mechanische Vorgängen, zum Beispiel beim Bohren, vorkommen. Aber auch Reibungskupplungen, mechanisch wirkenden Bremsen oder ungünstigen Schmierung bei Lagern, Wellendurchführungen oder Stopfbuchsen können zu sekundär heißen Oberflächen führen.

### Flammen und heiße Gase

Flammen sind exotherme chemische Vorgänge, die bei Temperaturen von etwa 1.000 °C und höher ablaufen. Sie können innerhalb von Verbrennungsmaschinen oder in Analysegeräten, sowie an deren Gasaustrittsstellen im Normal- oder Störungsbetrieb austreten.

Hier sind Schutzmaßnahmen erforderlich, die eine Übertragung aus dem Gehäuse ausschließen.

## Mechanisch erzeugte Funken

Reib-, Schleif- und Schlagvorgänge können Teilchen aus festen Materialien abtrennen und mit Energie laden. Bei oxidierbaren Substanzen können diese Teilchen Temperaturen bis weit über 1.000 °C erreichen. Solche Funken haben aber eine begrenzte Zündfähigkeit (0,1 mJ). Schläge von hartem Stahl mit einer Energie von 200 J und mehr und der Gebrauch von Trennscheiben erzeugen Funken mit deutlich höherer Zündenergie.

In den verschiedenen Zonen sind daraus resultierend bestimmte Werkzeuge verboten. Tabelle 8.1 listet die verwendbaren Werkzeuge auf.

| Zone | Werkzeuge, bei denen nur ein einzelner Funke entstehen kann (Schraubendreher) | Werkzeuge, die Funkenregen erzeugen (Trennschleifer) |
|---|---|---|
| 0 | nicht zulässig | nicht zulässig |
| 1 | Stahlwerkzeuge nicht zulässig, wenn Explosionsgefahr durch Stoffe der Gruppe IIC und durch CO, Schwefelwasserstoff gegeben ist | nicht zulässig |
| 2 | zulässig | nicht zulässig |

Tabelle 8.1 *Zulässigkeit von Werkzeugen in den verschiedenen Zonen*

### 8.2.6 Elektrische Anlagen

Elektrische Geräte sind besonders zu gestalten, wenn sie zur Verwendung in explosionsgefährdeten Bereichen eingesetzt werden sollen. Diese Geräte werden einer Gerätegruppe zugeordnet. Es werden zwei Gerätegruppen unterschieden:

Gerätegruppe 1 gilt für Bergbaubetriebe unter Tage und wenn Gefährdung durch Grubengas oder Stäube besteht.

Gerätegruppe 2 gilt für alle übrigen Bereiche, in denen Explosionsgefährdung besteht.

In der Gerätegruppe 2 werden die Geräte bestimmten Gerätekategorien mit festgelegten Anforderungen zugeordnet. In den jeweiligen Zonen dürfen nur Geräte einer speziellen Gerätekategorie verwendet werden. Anstelle der Gerätekategorie findet heute das Geräteschutzniveau Anwendung. Beide Kennzeichnungen sind in der **Tabelle 8.2** den Zonen zugeordnet. Die Verwendung einer höherwertigen Kategorie ist möglich.

**Elektrische Betriebsmittel**

Elektrische Betriebsmittel werden nach Zündschutzarten gekennzeichnet. Zwischen dem Geräteschutzniveau (ELP) und den Zündschutzarten besteht die in **Tabelle 8.3** dargestellte Beziehung.

| Zone | Gerätekategorie/Geräteschutzniveau (EPLs) |
|---|---|
| 0 | 1G/Ga |
| 1 | 1G oder 2G/Ga oder Gb |
| 2 | 1G, 2G oder 3G/Ga, Gb oder Gc |
| 20 | 1D/Da |
| 21 | 1D oder 2D/Da oder Db |
| 22 | 1D, 2D oder 3D/Da, Db oder Dc |

**Tabelle 8.2** *Verwendung bestimmter elektrischer Geräte mit entsprechender/m Gerätekategorie/Geräteschutzniveau in den Ex-Schutzzonen*

| Geräteschutzniveau (EPL) | Zündschutzart | Kurzbezeichnung der Zündschutzart | Normen |
|---|---|---|---|
| Ga | Eigensicherheit | ia | IEC 60079-11 |
| | Vergusskapselung | ma | IEC 60079-18 |
| | Zwei unabhängige Zündschutzarten, die jeweils EPL „aGb" erfüllen | | IEC 60079-26 |
| | Schutz von Geräten und Übertragungssystemen, die optische Strahlung nutzen | | IEC 60079-28 |
| Gb | Druckfeste Kapselung | d | IEC 60079-1 |
| | Erhöhte Sicherheit | e | IEC 60079-7 |
| | Eigensicherheit | ib | IEC 60079-11 |
| | Vergusskapselung | m | IEC 60079-18 |
| | Ölkapselung | mb | IEC 60079-6 |
| | Überdruckkapselungen | o | IEC 60079-2 |
| | Sandkapselung | p | IEC 60079-5 |
| | Eigensicherheitskonzept für den Feldbus (FISCO) | px oder py | IEC 60079-27 |
| | Schutz von Geräten und Übertragungssystemen, die optische Strahlung nutzen | q | IEC 60079-28 |
| Gc | Eigensicherheit | ic | IEC 60079-11 |
| | Vergusskapselung | mc | IEC 60079-18 |
| | Nicht-funkend | n oder nA | IEC 60079-15 |
| | Schwadensicher | nR | IEC 60079-15 |
| | Energiebegrenzung | nL | IEC 60079-15 |
| | Funken erzeugende Geräte | „nC" | IEC 60079-15 |
| | Überdruckkapselungen | „pz" | IEC 60079-2 |
| | Nicht-zündfähig-Konzept für den Feldbus (FNICO) | | IEC 60079-27 |
| | Schutz von Geräten und Übertragungssystemen, die optische Strahlung nutzen | | IEC 60079-28 |

**Tabelle 8.3** *Beziehung zwischen Zündschutzarten und EPLs*

### Elektrische Ausgleichsströme

In Anlagen mit explosionsgefährdeten Bereichen ist ein Potentialausgleich erforderlich. Bei TN-, TT- und IT-Systemen müssen alle Körper elektrischer Betriebsmittel und fremde leitfähige Teile an das Potentialausgleichssystem angeschlossen werden. Dieses kann auch Schutzleiter, Schutzrohre, metallische Kabelschirme, Kabelbewehrungen und metallische Konstruktionsteile einbeziehen. Ein Neutralleiter darf an den Potentialausgleich nicht angeschlossen werden. Die Verbindungen müssen gegen Selbstlockern gesichert sein und das Korrosionsrisiko auf ein Mindestmaß senken, was die Wirksamkeit der Verbindung verringern kann.

### Statische Elektrizität

Wichtigste Schutzmaßnahme ist das Erden aller leitfähigen Teile, die sich gefährlich aufladen können.

Es müssen aber auch gefährliche Aufladungen nicht leitfähiger Teile und Stoffe vermieden werden.

### Statische Elektrizität des Menschen

Fühlbarkeitsgrenze des Menschen bei elektrostatischer Entladung liegt bei ca. 2 kV, die Kapazität des Menschen gegen Erde beträgt ca. 200 pF, die dabei gespeicherte Energie entspricht:

$$W = 1/2\ CU^2;\ W = 0,5 \cdot 200 \cdot 10^{-12} \cdot 4 \cdot 10^6\ J$$

$$W_{Mensch} = 400\ mJ$$

Wird diese Energie mit der Zündenergie von Gasen und Stäuben verglichen, ergibt sich Folgendes:

Vergleich der Zündenergien
- Mindest-Zündenergie von Gasen 0,02 mJ bis 0,7 mJ
- Mindest-Zündenergie von Stäuben 10,5 mJ bis 700 mJ

Tabelle 8.4 listet die Zündenergie verschiedener Stoffe beispielhaft auf.

### Blitzschlag

Anlagen sind durch geeignete Blitzschutzmaßnahmen zu schützen. Schädliche Einwirkungen sind durch Überspannungsableiter am geeigneter Stelle zu verhindern (außerhalb explosionsgefährdeter Bereiche). Bei elektrisch leitenden Teilen, die gegen Behälter elektrisch isoliert sind, ist ein Potentialausgleich erforderlich.

| Stoff (Mischung mit Luft) | Mindestzündenergie in mJ | Zündwilligstes Gemisch in % |
|---|---|---|
| Acetylen | 0,019 | 7,7 |
| Ammoniak | 680,0 | |
| Benzol | 0,2 | 4,7 |
| Methanol | 0,14 | 14,7 |
| Schwefelkohlenstoff | 0,009 | 7,8 |
| Wasserstoff | 0,019 | 28,0 |

| Stoff (Mischung mit Luft) | Mindestzündenergie in mJ |
|---|---|
| Acetylen | 0,0002 |
| Ethan | 0,0019 |
| Propan | 0,0021 |
| Wasserstoff | 0,0012 |

**Tabelle 8.4** *Zündenergie verschiedene Stoffe*

### 8.2.7 Tertiärer Explosionsschutz

Die Maßnahmen des tertiären Explosionsschutzes sollen die Auswirkung einer Explosion auf ein unbedenkliches Maß beschränken. Dabei kommen im Wesentlichen bauliche Maßnahmen zum Tragen. Das können sein:

- explosionsfeste Bauweise,
- Explosionsdruckentlastung,
- Explosionsunterdrückung,
- Verhindern der Explosionsübertragung (explosionstechnische Entkopplung).

**Explosionsfeste Bauweise**
Anlagenteile (Behälter, Rohrleitungen) werden so gebaut, dass sie einer Explosion im Inneren standhalten, ohne aufzureißen.

**Explosionsdruckfeste Bauweise**
Behälter halten dem Explosionsdruck stand, ohne sich bleibend zu verformen.

**Explosionsdruckstoßfeste Bauweise**
Behälter halten dem Druckstoß in Höhe des Explosionsüberdrucks stand. Bleibende Verformungen sind zulässig.

## Explosionsdruckentlastung

Maßnahmen, die dazu dienen, beim Entstehen einer Explosion die abgeschlossene Apparatur kurzfristig in eine ungefährliche Richtung zu öffnen. Die Entlastungseinrichtung soll bewirken, dass die Apparatur nicht über ihre Explosionsfestigkeit hinaus belastet wird.
Beispiele dafür sind Berstscheiben und Explosionsklappen.

Bei den Maßnahmen ist Vermeidung von Folgeschäden durch weggeschleuderte Teile, sowie einer Gefährdung der Umwelt zu berücksichtigen.

## Explosionsunterdrückung

Das Prinzip beruht darauf, dass durch das schnelle Einblasen von Löschmitteln in Behälter im Falle einer Explosion das Erreichen des maximalen Explosionsdruckes verhindert wird.

Diese Einrichtungen müssen der ATEX 95 entsprechen!

## Verhindern der Explosionsübertragung

Durch explosionstechnische Entkopplung wird sichergestellt, dass sich Explosionen nur auf einzelne Anlagenteile beschränken. Hierzu unbedingt die ATEX 95 beachten!

**Folgende Maßnahmen bieten sich grundsätzlich an:**
Flammdurchschlagsichere Einrichtungen für Gase, Dämpfe, Nebel:
- Löschen von Flammen in engen Spalten und Kanälen (Brandsicherungen).
- Aufhalten einer Flammenfront durch hohe Ausströmgeschwindigkeit der unverbrannten Gemische (Hochgeschwindigkeitsventile).
- Aufhalten einer Flammenfront durch Flüssigkeitsvorlagen (Tauchsicherungen).
- Man unterscheidet explosionssichere, dauerbrandsichere und detonationssicher Armaturen.

Bei Stäuben lassen sich flammendurchschlagsichere Einrichtungen wegen Verstopfungsgefahr nicht einsetzen. Hier bewähren sich folgende Entkopplungseinrichtungen:
- Löschmittelsperre,
- Entlastungsschlot,
- Schnellschlussventil, Schnellschussschieber, Schnellschlussklappe,
- Zellenradschleuse,
- Doppelschieber.

## 8.3 Explosionstechnische Kenngrößen

### 8.3.1 Zündtemperatur

Die Zündtemperatur ist die niedrigste Temperatur, bei der das zündwillige Gemisch gerade noch so zur Explosion gebracht wird. Nach der Zündtemperatur werden die brennbaren Gase in Temperaturklassen eingeteilt. Elektrische Betriebsmittel werden nach ihrer Oberflächentemperatur in die gleichen Temperaturklassen nach **Tabelle 8.5** eingeteilt.

#### 8.3.1.1 Temperaturklassen

| Temperaturklasse | Zündtemperatur des Gases in °C | Maximale Oberflächentemperatur des Betriebsmittels in °C |
|---|---|---|
| T1 | > 450 | < 450 |
| T2 | > 300 ≤ 450 | < 300 |
| T3 | > 200 ≤ 300 | < 200 |
| T4 | > 135 ≤ 200 | < 135 |
| T5 | > 100 ≤ 135 | < 100 |
| T6 | > 85 ≤ 100 | < 85 |

**Tabelle 8.5** *Temperaturklassen*

#### 8.3.1.2 Temperaturklassen/Explosionsgruppen

Zwischen den Temperaturklassen und den Explosionsgruppen besteht ein Zusammenhang. Dieser ist in **Tabelle 8.6** dargestellt.

| Explosions-gruppe | Mindestzünd-energie in µJ | Temperaturklasse | | | | | |
|---|---|---|---|---|---|---|---|
| | | T1 | T2 | T3 | T4 | T5 | T6 |
| I | < 260 | Methan | | | | | |
| IIA | < 160 | Aceton | Ethyl-alkohol | Benzin | Acetal-dehyd | | |
| | | Ammoniak | | Diesel-kraftstoff | | | |
| | | Benzol | | | | | |
| | | Essigsäure | | Heizöl | | | |
| | | Methanol | | Kerosin | | | |
| | | Phenol | | | | | |
| IIB | < 80 | Stadtgas | Ethylen | Schwefel-wasserstoff | Ethylether | | |
| IIC | < 20 | Wasserstoff | Acetyl | | | | Schwefel-kohlenstoff |

**Tabelle 8.6** *Verknüpfung zwischen Temperaturklassen und Explosionsgruppen*

## Explosionstechnische Kenngrößen

### Flammpunkt

Der Flammpunkt ist die niedrigste Temperatur, bei der unter vorgeschriebenen Bedingungen eine Flüssigkeit brennbares Gas in solcher Menge abgibt, dass bei Kontakt mit einer wirksamen Zündquelle sofort eine Flamme auftritt. Die Einteilung der brennbaren Flüssigkeiten in Gefahrenklassen erfolgt nach dem Flammpunkt.

### Sauerstoffgrenzkonzentration

Die maximale Sauerstoffkonzentration in einem Gemisch eines brennbaren Stoffes mit Luft und inertem Gas, in dem eine Explosion nicht stattfindet.

### Einteilung brennbarer Flüssigkeiten

Brennbare Flüssigkeiten werden nach ihrem Flammpunkt nach **Tabelle 8.7** eingeteilt. Die Wasserlöslichkeit spielt dabei keine Rolle.

| Entzündlichkeit | Flammpunkt in °C |
|---|---|
| Hoch entzündlich | < 0 |
| Leichtentzündlich | 0 ... 21 |
| Entzündlich | 2 ... 55 |

**Tabelle 8.7** *Einteilung brennbarer Flüssigkeiten*

### 8.3.2 Parameter zur Klassifizierung eines Betriebes oder Betriebsteils

- Eigenschaften der gefährlichen explosionsfähigen Atmosphäre,
- Klassifikation des Gemisches – Explosionsgruppe,
- Mindestzündenergie,
- Zündtemperatur,
- Flammpunkt,
- untere und obere Explosionsgrenze,
- Wahrscheinlichkeit des Auftretens einer gefährlichen explosionsfähigen Atmosphäre (Zoneneinteilung),
- Lüftung.

### Klassifizierung des Betriebsmittels

- maximal bereitgestellte Energie des Betriebsmittels,
- Gerätegruppe,
- maximale Oberflächentemperatur,

- Temperaturklassen T1 bis T6 für den Einsatz in gasexplosionsgefährdeten Bereichen,
- konkrete Angabe der Oberflächentemperatur für den Einsatz in staubexplosionsgefährdeten Bereichen.

## Staub

Staub besteht aus einer großen Anzahl feiner Einzelteilchen, die so klein sein können, dass sie trotz Einwirkung der Schwerkraft schweben.
- Korngröße unterhalb 0,5 mm,
- Korngröße unterhalb etwa 0,4 mm gilt als zündfähig (gefährlich ist die große Oberfläche von Stäuben),
- Oberfläche eines Würfels fester Stoffe: $6\,cm^2$,
- Oberfläche der gleichen Menge als Staub: $6\,m^2$.

## Staubexplosionsgrenzen

- untere Explosionsgrenze: ca. 20...60 $g/m^3$,
- obere Explosionsgrenze: ca. 2...6 $kg/m^3$,
- optimales Gemisch: 250...750 $g/m^3$.

Schätzung der UEG aus der Sichtweite einer 40-W-Glühlampe:
- bei 1 m Entfernung nicht mehr sichtbar: $30\,g/m^3$
- bei 5 cm nur noch 50 % Licht: $50\,g/m^3$

## Staubexplosionsgefährdete Arbeiten

- Mahlen/Trocknen von Kohle,
- Befüllen von Kohlestaubsilos,
- Umschlagen und Silieren von Getreide,
- Sprühtrocknen von organischen Produkten (Milch),
- Schleifen von Leichtmetallen und deren Legierungen,
- Herstellen und Verarbeiten von Metallpulvern,
- Klärschlammverarbeitung,
- Absaugen und Fördern von Holzstaub in Filtern und Abscheideanlagen.

## Zündquellen

- heiße Oberflächen,
- Flammen und heiße Gase,
- mechanisch erzeugte Funken,
- elektrische Anlagen,
- elektrische Ausgleichsströme, kathodischer Korrosionsschutz,

- statische Elektrizität,
- Blitzschlag,
- elektromagnetische Felder,
- ionisierende Strahlung,
- Ultraschall,
- adiabatische Kompression, Stoßwellen, strömende Gase,
- chemische Reaktionen.

## Staubkenngrößen

**Medianwert:** Teilchengröße der Stäube, die Oberfläche wächst mit abnehmender Teilchengröße exponentiell.

**Brennzahl (BZ):**
Brennbarkeit der Stäube wird mit den Brennzahlen 1 bis 6 klassifiziert. BZ 1–3 bedeutet kein Ausbreiten, BZ 4–6 Ausbreiten des Brandes.

**Staubexplosionsklassen:**
Klassen, in die Stäube aufgrund des $K_{St}$-Wertes nach **Tabelle 8.8** eingeordnet werden.

| Staubexplosionsklasse | $K_{st}$-Wert in bar · m · s$^{-1}$ |
|---|---|
| St 1 | 0 … 200 |
| St 2 | 200 … 300 |
| St 3 | > 300 |

**Tabelle 8.8** *Staubexplosionsklassen*

## Brennzahl und Brennverhalten:

Die Eigenschaften verschiedener Stäube im Hinblick auf das Brennverhalten sind in **Tabelle 8.9** aufgeführt.

| Brennzahl | Beispiel | Art der Reaktion |
|---|---|---|
| 1 | Kochsalz | Kein Anbrennen |
| 2 | Weinsäure | Kurzes Entzünden und rasches Verlöschen |
| 3 | Milchzucker | Örtliches Brennen oder Glimmen mit geringer Ausbreitung |
| 4 | Tabak | Durchglühen ohne Funkenwurf oder langsame flammenlose Zersetzung |
| 5 | Schwefel | Abbrennen unter Flammenerscheinung oder Funkensprühen |
| 6 | Schwarzpulver | Verpuffungsartiges Abbrennen oder rasche flammenlose Zersetzung |

**Tabelle 8.9** *Brennzahl und Brennverhalten*

## Glimm- und Zündtemperatur

Die Glimmtemperatur einer Staubschicht ist die niedrigste Temperatur einer heißen Oberfläche, bei der sich eine Staubschicht von festgelegter Dicke entzündet.

Die Glimmtemperatur einer Staubwolke ist die niedrigste Temperatur einer heißen inneren Wand eines Ofens, bei der die Zündung einer darin enthaltenen Staubwolke in Luft eintritt. Glimmtemperatur und Zündtemperatur verschiedener Stoffe sind in **Tabelle 8.10** aufgeführt.

| Material | Zündtemperatur in °C | Glimmtemperatur in °C |
|---|---|---|
| Baumwolle | 560 | 350 |
| Holzmehl | 400 | 300 |
| Kork | 470 | 300 |
| Milchpulver | 440 | 340 |
| Zuckerrüben | 460 | 290 |
| Braunkohle | 380 | 225 |
| Schichtpressstoff | 510 | 330 |
| Eisen | 310 | 300 |
| Magnesium | 610 | 410 |
| Ruß | 620 | 385 |
| Schwefel | 280 | 280 |

**Tabelle 8.10** *Zünd- und Glimmtemperatur verschiedener Stoffe*

## Staubkennwerte
### Selbstentzündung

Vorgang, bei dem eine Staubschüttung bei allseitiger Wärmeeinwirkung und Anwesenheit von Luft nach vorangegangener Selbsterhitzung zur Entzündung kommt.

### Exotherme Zersetzung

Eine auch ohne Luftsauerstoff stattfindende Reaktion, die zu einer Selbsterhitzung und bei Gasfreisetzung in geschlossenen Apparaturen zu einer Drucksteigerung führen kann.

### Entzündungstemperatur von Stäuben

In **Tabelle 8.11** sind die Entzündungstemperaturen verschiedener Staubarten aufgeführt.

## 8.3 Explosionstechnische Kenngrößen

| Staubart | Medianwert in μm | Zündtemperatur aufgewirbelter Staub in °C | Glimmtemperatur lagernder Staub in °C | Hybridisierungstemperatur lagernder Staub in °C |
|---|---|---|---|---|
| Braunkohle | 51 | 380 | 220 | 100 |
| Gaskohle | 28 | 630 | 250 | 100 |
| Aktivkohle | 23 | 780 | > 400 | 250 |
| Altholz | 45 | 590 | 360 | 190 |
| Klärschlamm | 31 | 450 | 270 | 140 |
| Tiermehl | 182 | 520 | > 400 | 165 |
| Farbpulver | < 20 | > 1000 | 360 | 180 |

**Tabelle 8.11** *Entzündungstemperatur verschiedener Stoffe*

## Sicherheitstechnische Kenngrößen für aufgewirbelte Stäube:

- Staubexplosionsfähigkeit,
- Staubexplosionskenngrößen,
- Explosionsdruck, -heftigkeit, StaubEx-klasse, UEG, Sauerstoffkonzentration,
- $K_{St}$-Wert,
- Mindestzündenergie,
- Zündtemperatur,
- $T_{Oberfläche} < 2/3\ T_{Zündtemperatur}$,
- elektrische Leitfähigkeit,
- Ableitwiderstand,

für abgelagerte Stäube:
- Brennverhalten,
- Brennzahl, Abbrandgeschwindigkeit,
- Entzündbarkeit,
- Selbstentzündung, exotherme Zersetzung
- thermische Stabilität,
- Glimmtemperatur,
- $T_{Oberfläche} < T_{glimm} - 75\ °C$,
- Deflagration,
- Schlagempfindlichkeit.

**Kenngrößen und Schutzmaßnahmen:**
Werden Schutzmaßnahmen gegen Explosionen durchgeführt, sind bei der Planung der Maßnahmen Kenngrößen der Explosionsgefährdung zu berücksichtigen. Tabelle 8.12 stellt die Verknüpfungen dar.

| Schutzmaßnahmen | Zu beachtende Kenngrößen |
|---|---|
| Vermeidung brennbarer Stoffe | Brennbarkeit, Explosionsfähigkeit |
| Konzentrations-/Mengenbegrenzung | Verbrennungswärme |
| Inertisierung | Untere Explosionsgrenze |
| | Sauerstoffkonzentration |
| Vermeiden von Zündquellen | Glimm-, Zünd-, Zersetzungstemperatur |
| | Selbstentzündungsverhalten, Schwelpunkt, |
| | Mindestzündenergie, elektrostatisches |
| | Verhalten, Schlagempfindlichkeit |
| Explosionsfeste Bauweise für den maximalen Explosionsdruck | Maximaler Explosionsdruck |
| Explosionsdruckentlastung | $K_{St}$-Wert und maximaler Explosionsdruck |
| Explosionsunterdrückung | |

**Tabelle 8.12** *Kenngrößen und Schutzmaßnahmen*

### 8.3.3 Explosionsschutzdokument

**Anforderungen an ein Explosionsschutzdokument**
- Formell und strukturiert,
- im Detail dokumentiert,
- klare Regelung von Umfang, Ziele, Werkzeuge, Abläufe, Zuständigkeiten und Verantwortlichkeiten,
- Beinhalten aller zu betrachtenden Störmöglichkeiten.

**Vorgehensweise bei der Erstellung eines Explosionsschutzdokumentes**
- Festlegung von Gefährdungen.
- Bewertung von Risiken (die Wahrscheinlichkeit von explosionsfähiger Atmosphäre und Zündquellen festlegen).
- Definition spezifischer Maßnahmen zum Schutz der Gesundheit und Sicherheit von Arbeitnehmern vor explosionsfähiger Atmosphäre.
- Einteilung von Explosionsschutzzonen.
- Beurteilung von Schutzmaßnahmen.
- Sammlung der Stoffe in der Anlage, Erstellung einer Stoffliste.
- Beschreibung der angewendeten Verfahren, Arbeitsschritte und Organisation.
- Sammlung der Komponenten in der Anlage, Erstellen einer Liste der Komponenten und Geräte.
- Erstellung einer Liste der Freisetzungsquellen, um Explosionsschutzzonen einzuteilen.
- Detailbewertung der elektrischen und nichtelektrischen Anlagenteile und Komponenten.

- Prüfung, ob die elektrische Anlage nach DIN VDE 0165 installiert ist.
- Existieren weitere Zündgefahren (z. B. aus der Umgebung/Umwelt)?
- Bewertung der Arbeitsabläufe und der Organisation.
- Beurteilung der Komponenten und deren Wechselwirkung miteinander.
- Beurteilung der Arbeitsabläufe in der Anlage.
- Beurteilung der Organisation.
- Dokumentation der vorgenannten Maßnahmen.

## 8.4 Instandhaltung

Im Rahmen der Instandhaltung von Anlagen im Arbeitsbereich der Wasser- und Abwassertechnik fallen elektrotechnische Tätigkeiten zur Instandhaltung der Anlage in den Arbeitsbereich einer EFKffT. Für diese festgelegten Tätigkeiten sind Arbeitsanweisungen zu erstellen. Im Folgenden sind für einige im Arbeitsbereich erforderliche Tätigkeiten, die über die allgemeinen Tätigkeiten hinausgehen, beispielhafte Arbeitsanweisungen und Arbeitsverfahren beschrieben.

### 8.4.1 Fehlersuche in Steuerungen

Elektromechanische und elektronische Steuerungen fallen aus verschiedenen Gründen aus. Die notwendigen Prüfungen, die eine Elektrofachkraft ausführen kann, hängen von der Bestellung ab.

Grundsätzlich ist zu beachten, dass es sich meist um Arbeiten unter Spannung handelt, die in einem begrenzten Bereich auszuführen sind. Dabei fällt die Arbeit an Steuerstromkreisen gemäß DGUV Vorschrift 3 [70] nicht unter AuS.

Bei Ausfall von Funktionen einer Maschine oder eines mit einer elektromechanischen Schaltung gesteuerten Betriebsmittels ist eine strukturierte Arbeitsweise sinnvoll.

#### 8.4.1.1 Notwendige Vorbereitungen und Bereitstellungen

- Schaltungsunterlagen und Funktionsbeschreibungen der Anlage,
- Mess- und Prüfgeräte nach der Kategorie der Messaufgabe,
- isoliertes Werkzeug,
- persönliche Schutzausrüstung.

## 8.4.1.2 Zu beachtende Sicherheitsregeln
- Fünf Sicherheitsregeln,
- Arbeiten unter Spannung,
- Verwenden von Handwerkzeugen.

## 8.4.1.3 Arbeitsablauf
- Festellen der Spannung am Eingang des Systems. Sind alle drei Außenleiter vorhanden? Ist der Neutralleiter vorhanden (eine Arbeitsanweisung für das Messen von Strömen und Spannungen findet sich in Abschnitt 3.5: „Messen elektrotechnischer Größen")? Ist die Steuerspannung vorhanden?
- Spannung am Eingang des für die Einschaltung zuständigen Schützes prüfen.
- Hauptstromkreise durch Abschalten oder Entfernen der Schutzeinrichtungen spannungsfrei machen, sodass bei Betätigung der Steuerung keine ungewollte Bewegung oder Funktion ausgeführt werden kann, die zu einer Gefährdung führt.
- Fehlerhaften Steuerstromkreis einschalten und feststellen, ob das Schütz anzieht (Abschnitt 8.4.2 „Schütz überprüfen"). Wenn das Schütz anzieht, den Hauptstromkreis einschalten und die Spannung bis zu den Abgangsklemmen verfolgen.
- Spannung weiter bis zum Klemmbrett des Motors verfolgen, Motor prüfen.

## 8.4.2 Schütz überprüfen

Schütze, elektromechanische Fernschalter, dienen dazu, ferngesteuert Betriebsmittel zu schalten oder mit einem einpoligen Schalter drei Außenleiter gleichzeitig zu schalten.

Ein Schütz besteht aus drei wesentlichen Teilen:
- der Schützspule,
- den Lastkontakten und
- den Hilfskontakten.

### 8.4.2.1 Prüfen der Funktionsfähigkeit der Schützspule
*Achtung: Sicherheitsregeln für Arbeiten unter Spannung beachten!*

### 8.4.2.2 Notwendige Geräte
- Spannungsmessgerät CAT 2 oder CAT 3, je nach Spannungsversorgung der Anlage,

- Schraubendreher,
- Ohmmeter.

### 8.4.2.3 Arbeitsablauf durch Prüfen der vorhandenen Erregerspannung

- Erregerspannung anhand der Schaltpläne feststellen.
- Spannung mit der Aufschrift auf der Spule vergleichen.
- Spannungsmessbereich auf den Wert aus dem Schaltplan einstellen.
- Mit dem Spannungsmessgerät an den Klemmen A1 und A2 die Spannung messen.

### 8.4.2.4 Auswertung

Zieht das Schütz nicht an, obwohl eine Spannung entsprechend den Vorgaben des Schaltplans gemessen werden kann, und brummt es auch nicht, so ist die Spule defekt.

Ist keine Spannung vorhanden, so liegt der Fehler an dem Ansteuerstromkreis.

### 8.4.2.5 Arbeitsablauf durch Prüfen des Widerstands der Schützspule

Eine weitere Möglichkeit zur Fehlererkennung besteht in der Messung des Widerstands der Schützspule. Das geschieht im ausgebauten Zustand des Schützes oder bei einseitig abgeklemmter Spule.

**Arbeitsablauf:**

- Spannungsversorgung der Steuerung freischalten (fünf Sicherheitsregeln).
- Anschluss A1 der Spule abklemmen.
- Ohmmeter auf Durchgangsprüfung oder kleinsten Messbereich einstellen.
- Alternativ zum Ohmmeter einen Durchgangsprüfer verwenden.
- Prüf- oder Messgerät an die Anschlüsse A1 und A2 anschließen.
- Messergebnis notieren.
- Abgeklemmte Leitung wieder anschließen.

### 8.4.2.6 Auswertung

Bei Widerstandswerten im kleinen Ohmbereich oder bei einem Signal des Durchgangsprüfers ist die Spule in Ordnung.

#### 8.4.2.7 Maßnahmen

Sollte die Spule defekt sein, so ist zu überlegen, ob das gesamte Schütz ausgewechselt werden soll oder ob lediglich die Spule gewechselt wird. In vielen Fällen ist das Auswechseln der Spule eine sinnvolle Alternative zum Auswechseln des gesamten Schützes, insbesondere wenn es sich um Schütze größerer Schaltleistung oder mit vielen angeschlossenen Kontakten handelt.

### 8.4.3 Schütz auswechseln

#### 8.4.3.1 Vorarbeiten

- Bereitstellen der Schaltungsunterlagen,
- Handwerkszeuge, Ersatzteile entsprechend der Ersatzteilliste bereitlegen.

#### 8.4.3.2 Arbeitsablauf

- Spannungsfreiheit herstellen und für die Arbeitszeit sicherstellen (fünf Sicherheitsregeln beachten),
- Leitungen an den Enden mit der Kontaktbezeichnung kennzeichnen,
- Leitungen abklemmen,
- Schütz ausbauen,
- neues Schütz einbauen,
- Leitungen entsprechend den Kontaktbezeichnungen anklemmen,
- angeklemmte Leitungen auf richtigen Anschluss prüfen,
- Leitungskennzeichnungen entfernen,
- entfernte Abdeckungen wieder verschließen,
- Werkzeuge und Reststoffe aus dem Anlagenbereich entfernen,
- Sichtkontrolle der Arbeiten und der fertigen Anlage,
- Spannung einschalten,
- Funktion prüfen,
- geöffnete Anlagenteile sachgerecht verschließen.

### 8.4.4 Motor auswechseln

Für die beschriebene Arbeit müssen Kenntnisse aus folgenden Bereichen vorhanden sein:
- sicherer Umgang mit Handwerkzeug,
- Anwendung der fünf Sicherheitsregeln,

- Herrichten von Leitungen und Adern zum Anschluss an einen Motor (Biegen von Ösen),
- Zugentlastung von Leitungen,
- Abdichten von Betriebsmitteln gegen Eindringen von Wasser und Fremdkörpern,
- Verschalten eines Kurzschlussläufermotors in Stern- oder Dreieckschaltung,
- Einstellungen an Motorschutzschaltern und Motorschutzrelais sowie Motorvollschutz-Geräten,
- Beurteilung der Belastbarkeit von Leitungen,
- Durchführung von Prüfungen an Betriebsmitteln,
- Durchführung von Prüfungen an elektrotechnischen Anlagen.

### 8.4.4.1 Anzuwendende Sicherheitsregeln und technische Regeln
- Fünf Sicherheitsregeln,
- Handwerkzeug,
- Betriebsanleitung der Maschine, deren Teil der Motor ist.

### 8.4.4.2 Material, Werkzeuge, Prüfgeräte, Messgeräte
- Schraubenschlüssel oder Steckschlüssel,
- Brücken für Klemmbrett,
- Unterlegscheiben,
- Federringe,
- Muttern.

### 8.4.4.3 Arbeitsschritte zum Abklemmen des Motors
- Motorstromkreis spannungsfrei machen,
- Gegen Wiedereinschalten sichern,
- Öffnen des Klemmbretts,
- Spannungsfreiheit prüfen,
- Belegung notieren,
- Lösen der Muttern an den Klemmen,
- Abheben der Unterlegscheiben, Anschlussleitungen und Brücken.
  ⚠️ *Muttern, Scheiben und Brücken sicher aufbewahren,*
- Adern gerade biegen,
- Kabelverschraubung lösen,
- Adern vorsichtig aus dem Klemmkasten ziehen.

## 8.4.4.4 Motor neu anschließen

- Kabelverschraubung in den neuen Klemmkasten einschrauben.
- Leitung einführen und Kabelverschraubung anziehen.
  ⚠ *Zugentlastung berücksichtigen.*
- Unterlegscheiben auflegen.
- Kabelschuh oder Öse der Außenleiter entsprechend der Notizen auflegen.
  ⚠ *Die Adern so verlegen, dass keine Quetschung entsteht.*
- Unterlegscheibe auflegen.
- Federring auflegen.
- Mutter aufdrehen und anziehen (Anzugsmoment beachten).
- PE-Leiter anschießen.
  ⚠ *Vor dem Auflegen des Schutzleiters prüfen, ob die separate Messung der durchgängigen Verbindung des PE-Leiters möglich ist.*
  Hat der Motor einen festen Kontakt mit dem Potentialausgleich, muss die Messung der Durchgängigkeit des PE-Leiters erfolgen, bevor er am Motor angeklemmt wird.
- Prüfung vorbereiten.
  ⚠ *PE-Leiter gegen Selbstlockern sichern.*

## 8.4.4.5 Prüfschritte

- Prüfen, ob folgende Kriterien erfüllt sind: Anschlussart entspricht dem Auftrag, Schrauben sind fest angezogen, Adern werden nicht gequetscht, Leitungseinführung ist zugentlastet, Leitungseinführung ist dicht.
- Schutzleiterverbindung prüfen.
- Isolationsfähigkeit prüfen, zum Beispiel durch eine Schutzleiter-Differenzstrommessung.
- Abschaltung im Fehlerfall durch Auslösen des Fehlerstromschutzschalters oder Messen der Schleifenimpedanz (abhängig vom Netzsystem).
- Stromaufnahme des Motors messen.
- Einstellwerte der Schutzschalter mit der Stromaufnahme und dem Bemessungsstrom des Motors vergleichen.
- Absicherung der Zuleitung im Hinblick auf die Belastbarkeit der Leitung prüfen.
- Dokumentation der Prüfung.

## 8.5 Übungsaufgaben

**Aufgabe 8.1**
Unter welchen Voraussetzungen ist eine Explosion möglich?

**Aufgabe 8.2**
Was verstehen Sie unter primärem Explosionsschutz?

**Aufgabe 8.3**
Was verstehen Sie unter sekundärem Explosionsschutz?

**Aufgabe 8.4**
Explosionsgefährdete Anlagen werden in zwei Gruppen eingeteilt. Welche Bereiche sind darin erfasst?

**Aufgabe 8.5**
In welche Zonen werden gasexplosionsgefährdete Bereiche eingeteilt?

**Aufgabe 8.6**
Wie ist die Zone 0 beschrieben?

**Aufgabe 8.7**
Wie werden elektrische Betriebsmittel zur Verwendung in explosionsgefährdeten Bereichen eingeteilt?

**Aufgabe 8.8**
Was wird mit dem Begriff tertiärer Explosionsschutz beschrieben?

# de BUCH

www.elektro.net

# NORMEN UND VORSCHRIFTEN

Anhand verschiedener Praxisfälle zeigt dieses Buch auf, wie sich Normen und Vorschriften im Berufsalltag umsetzen lassen.

## Diese Themen werden behandelt:

- Rechtsgrundlagen
- Praxisfälle und deren normative und praktische Bewertung im Bereich
    - der Energietechnik
    - der Schaltanlagen/Verteiler
    - der Informationstechnik
    - des Blitz- und Überspannungsschutzes/der Erdung
    - des Brandschutzes
    - der Errichtung von Photovoltaikanlagen
    - der Errichtung von Not- und Sicherheitsbeleuchtungsanlagen
    - der Überprüfung von elektrischen Anlagen und Arbeitsmitteln
    - der EMV

Frank Ziegler
Gewusst wie
Normen und Vorschriften im Berufsalltag
2018. 152 Seiten. Softcover.
€ 36,80.
Fachbuch:
ISBN 978-3-8101-0462-5
E-Book/PDF:
ISBN 978-3-8101-0463-2

## IHRE BESTELLMÖGLICHKEITEN

- Fax: +49 (0) 89 2183-7620
- E-Mail: buchservice@huethig.de
- www.elektro.net/shop

Hier Ihr Fachbuch direkt online bestellen!

de das elektrohandwerk
www.elektro.net

Hüthig GmbH, Im Weiher 10, D-69121 Heidelberg,
Tel.: +49 (0) 800 2183-333

# 9 Beispielhafte Tätigkeiten an Photovoltaikanlagen

**Lernziele dieses Kapitels**
Sie lernen die Montagebedingungen von Photovoltaikmodulen und den zugehörigen Komponenten kennen. Sie erfahren dabei die verschiedenen Anschlussvarianten von Modulen und die Zusammenschaltung der Module zu Strängen. Ebenso lernen Sie, wie Sie die notwendigen Prüfungen durchzuführen, die zum Abschluss einer elektrotechnischen Arbeit erforderlich sind, um den sicheren Zustand der Anlage zu gewährleisten.

## 9.1 Besondere Gefahren im Arbeitsbereich

Photovoltaikanlagen werden häufig auf Dächern installiert. Es wurde eine Reihe von Sicherheitsregeln aufgestellt, um Arbeiten in Höhen mit Absturzgefahr sicher zu gestalten. Diese Regeln sind in den staatlichen Arbeitsschutzvorschriften ebenso wie in berufsgenossenschaftlichen Vorschriften enthalten:
- ASR-A2-1 [71] „Arbeiten in Höhen mit Absturzgefahr",
- DGUV Information 201-008 [72] „Dacharbeiten",
- DGUV Regel 101-016 [73] „Dacharbeiten",
- DGUV Information 203-080 [74] „Montage und Instandhaltung von PV-Anlagen".

Die Regelwerke beschreiben die Anwendung von Schutzeinrichtungen. Danach gelten Gesamtmaßnahmen vorrangig vor Einzelschutzmaßnahmen gegen Absturz. **Bild 9.1** zeigt eine beispielhafte Maßnahme aus den berufsgenossenschaftlichen Informationen. Der Arbeitsverantwortliche hat die Verantwortung für die sicherheitskonforme Ausführung der Arbeiten. Er hat insbesondere zu prüfen und sich vom Auftragnehmer bescheinigen zu lassen, dass das Dach begehbar ist. Werden Gerüste und sonstige Sicherungseinrichtungen bereitgestellt, hat er sich die Verwendbarkeit bestätigen zu lassen und die Einrichtungen selbst auf erkennbare Mängel hin zu untersuchen. Das gilt auch für die zu verwendende PSA der Mitarbeiter.

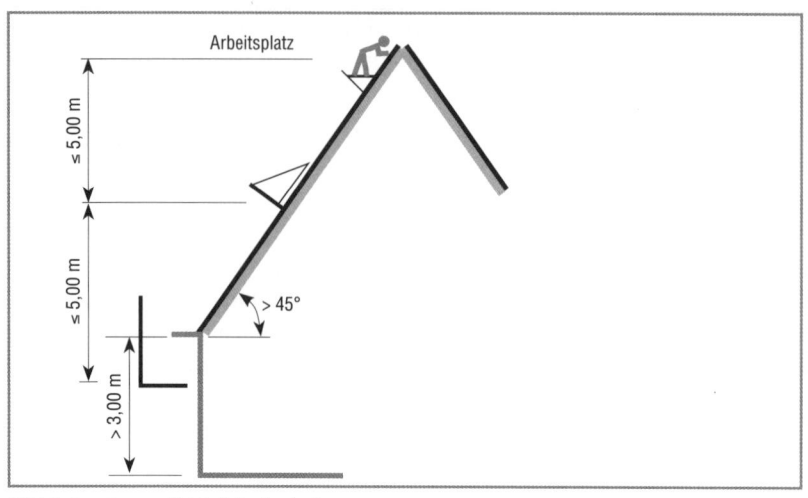

**Bild 9.1** *Fanggerüst bei Dacharbeiten*

## 9.2 Installationsvorschriften

Neben den VDE-Bestimmungen zur Errichtung von Niederspannungsanlagen sind auch die Normen der Reihe VDE 0126 zu berücksichtigen. Darüber hinaus bestehen Anforderungen an den Blitzschutz gemäß DIN EN 62305-3 (VDE 0185-305-3) Beiblatt 5: 2014-02 [75]. Eine PV-Anlage erhöht zwar die Einschlaggefahr nicht, aber durch die relativ hohen Kosten ist das Schadensrisiko bei einem Einschlag wesentlich höher als bei einem gleichen Gebäude ohne PV-Anlage.

## 9.3 Installation der Module

### 9.3.1 Befestigung auf dem Montagegrund

Da es sich bei den PV-Anlagen im weitesten Sinne um Bauwerke oder Teile von Bauwerken handelt, sind diese auch nach den allgemeinen Grundsätzen für Bauwerke zu errichten. Es darf von den Anlagen keine Gefahr ausgehen.

Das bedeutet zunächst einmal, dass die Konstruktion den allgemein anerkannten Regeln der Statik genügen muss. Die Belastungen, wie das Eigengewicht der Konstruktion und der Module, die Windeinwirkung und die Schneelast, müssen von der Konstruktion getragen werden können. Dabei gilt auch die Anforderung, dass die Verbindung zwischen der Tragkonstruktion der Module und dem Untergrund die auftretenden Kräfte aufnehmen kann. Da die Elektrofachkraft zur Bewertung dieser Festigkeit keine Ausbildung besitzt, ist die Festlegung der Tragkonstruktion einem qualifizierten Statiker zu übertragen. Dieser legt die Anzahl und Dimension der Befestigung auf dem Untergrund, zum Beispiel der Stockschrauben fest. Er bestimmt die Abmessungen der Tragkonstruktion und die Abmessungen von Sonderkonstruktionen. Die Hersteller von Tragsystemen stellen in der Regel diese Daten zur Verfügung. Nach diesen Daten erstellt der Solarmonteur die Konstruktion.

### 9.3.2 Befestigung der Module

Die Module werden auf der Tragkonstruktion befestigt. Das geschieht meist mit Klammern. Bei der Festlegung der Tragkonstruktion sind die Befestigungspunkte der Module bereits zu berücksichtigen. Die Modulhersteller schreiben Bereiche, in denen die Befestigungspunkte liegen dürfen, in ihren Montageanweisungen vor. Diese sind in jedem Fall zu berücksichtigen. Dabei muss auch beachtet werden, dass die Schrauben mit einem vorgeschriebene Drehmoment anzuziehen sind.

### 9.3.3 Verschaltungsarten von Modulen

Module können, wie in **Bild 9.2** gezeigt, auf zwei verschiedene Arten verschaltet werden:
- in Parallelschaltung und
- in Reihenschaltung.

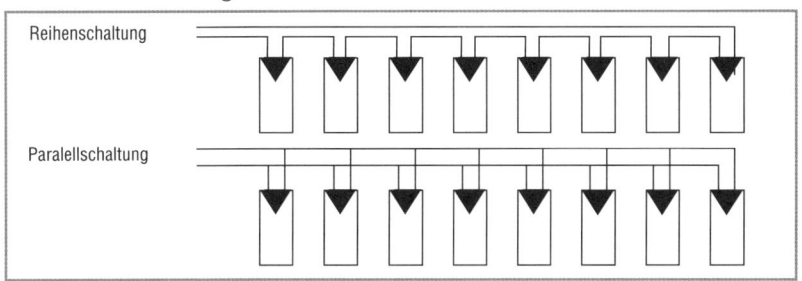

**Bild 9.2** *Verschaltungsarten von Modulen*

Bei der Parallelschaltung werden die Ströme der Module addiert. Die Spannung ist an allen Modulen gleich. Diese Schaltung ist sinnvoll bei Verschattung einzelner Module.

Bei der Reihenschaltung von Modulen addiert sich die Spannung der einzelnen Module zu einer gesamten Strangspannung. Bei der Reihenschaltung muss die maximale Spannung des Stranges berücksichtigt werden. Problematisch ist die Verschattung eines Teils der Strangmodule. Da in dem verschatteten Modul ein geringerer Strom erzeugt wird, reduziert sich auch der Strom in den anderen Modulen. Der Strom ist so klein wie der Strom im schwächsten Modul.

### 9.3.4 Leitungsführung der Strangleitungen

Strangleitungen verbinden die Module mit den Wechselrichtern. Da diese Leitungen den Wettern direkt ausgesetzt sind, ist eine besonders sorgfältige Planung und Verlegung notwendig. Grundsätzlich dürfen Strangleitungen mit den angeschlossenen Modulen keine Induktionsschleifen bilden. **Bild 9.3** zeigt die falsche und richtige Verkabelungstopologie. Dazu werden die Hin- und Rückleitungen eng nebeneinander geführt. Schleifen können bei fernen Blitzeinschlägen Induktionsspannungen bilden, die zur Zerstörung der Module durch Überspannung führen.

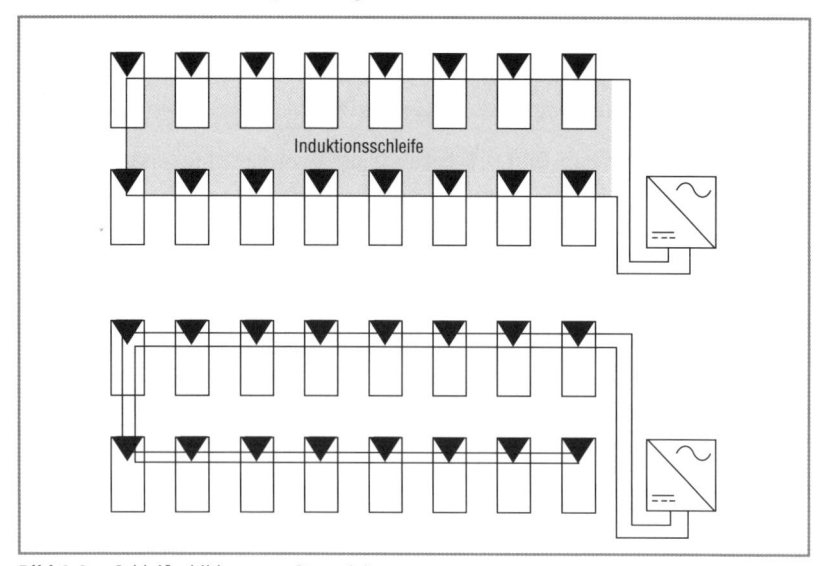

**Bild 9.3** *Schleifenbildung von Strangleitungen*

Für Strangleitungen und Modulanschlussleitungen gelten die gleichen Anforderungen an die Befestigung wie für übrige Leitungsanlagen in Gebäuden. Die Leitungen sind zu befestigen und sie dürfen nicht über scharfe Kanten geführt werden. Werden Leitungen lose auf die Dachhaut gelegt, besteht grundsätzlich die Gefahr, dass die Isolation durch Abrieb beschädigt wird. Wie bei der Führung über Kanten, besteht auch in diesem Fall eine permanente Brandgefahr.

Werden Leitungen in landwirtschaftlichen oder gartenbaulichen Betrieben verlegt, ist auch eine Schädigung durch Nagetiere zu berücksichtigen. Die Verlegung in metallischen Verlegesystemen bietet sich dazu an. Wie auch die Leitungen, dürfen die Steckverbindungen nicht lose auf der Dachhaut liegen.

## 9.4 Herstellen eines zusätzlichen Schutzpotentialausgleichs

Die Traggestelle von Photovoltaikanlagen sind an den Schutzpotentialausgleich anzuschließen. Die Leitung ist direkt von der Haupterdungsschiene ohne Unterbrechung (ungeschnitten) zu verlegen. Die Leitungen sind nahe an den Strangleitungen zu verlegen, um eine Schleifenbildung zwischen Strangleitung und der Leitung des Schutzpotentialausgleichs zu vermeiden. Der Querschnitt ist auf Basis der DIN VDE 0100-540 [37] in der jeweils gültigen Fassung zu ermitteln. Dieser beträgt:

- $6\,mm^2$ Cu oder
- $16\,mm^2$ Al oder
- $50\,mm^2$ St.

Ist das Gebäude mit einer Blitzschutzanlage ausgestattet, so richtet sich der Querschnitt des Leiters nach dem für den Blitzschutzpotentialausgleich geforderten Leiterquerschnitt. Dieser beträgt mindestens $16\,mm^2$ Cu oder $100\,mm^2$ St. In diesem Fall sind die Näherungen zu den Leitungen der Blitzschutzanlage zu beachten.

## 9.5 Überspannungsschutz

PV-Anlagen dienen meist der kommerziellen Nutzung. Gemäß DIN VDE 0100-443 [38] sind bei Auswirkungen von Überspannungen auf Gewerbeaktivitäten zwingend Maßnahmen zum Schutz gegen Überspannungen erforderlich. Die Überspannungsschutzgeräte sind auf der Gleichstromseite wie auch auf der Wechselstromseite der PV-Anlage erforderlich. Auch die informationstechnischen Anschlüsse sind mit Überspannungsschutzgeräten zu beschalten. In Abhängigkeit von dem Vorhandensein einer Blitzschutzanlage sind Überspannungsschutzgeräte des Typs 1 oder des Typs 2 erforderlich. Sind die Starkstromleitungen zwischen den Modulen und den Wechselrichtern länger als 10 m, so sind direkt vor dem Wechselrichter sowie in der Nähe der Module Überspannungsschutzgeräte erforderlich.

## 9.6 Prüfungen des elektrotechnischen Teils an Solargeneratoren vor Inbetriebnahme

Die Prüfung einer PV-Anlage kann in drei Bereiche aufgeteilt werden:
1. Konstruktion auf Einhaltung der baurechtlichen Anforderungen,
2. Solargenerator bis zum Wechselrichter auf Einhaltung der elektrotechnischen Anforderungen,
3. Netzverbindung auf Einhaltung der elektrotechnischen Anforderungen und den Anforderungen des Verteilungsnetzbetreibers,
4. Kundenanforderung auf Einhaltung der im Auftrag festgelegten Anforderungen.

Im Folgenden soll der Bereich der Prüfung des Solargenerators besprochen werden, da mit Ausnahme der Kundenanforderungen für die übrigen Bereiche weitere Fachkenntnisse erforderlich sind.

Die elektrische Sicherheit von Solargeneratoren ist vor der Inbetriebnahme zu prüfen. Grundlage für die Prüfungen stehen in DIN EN 62446 [75]. Diese Prüfungen können in drei Bereiche aufgeteilt werden:
- Sichtprüfung,
- Messungen und
- Dokumentation.

### 9.6.1 Sichtprüfung

Bei der Sichtprüfung soll festgestellt werden, ob die Planungsvorgaben eingehalten sind. Es ist zu prüfen, ob die Montagevorschriften des Herstellers der Module sowie des Herstellers der Tragkonstruktion eingehalten wurden. Die Leitungsverlegung sowie die Anschlüsse der Leitungen und Stecker sind zu prüfen. Das Hauptaugenmerk ist auf die sichere Leitungsverlegung zu legen, da eine mangelhaft verlegte Leitung Brände verursachen kann.

In vielen Bereichen einer Anlageinstallation werden die zu prüfenden Teile durch die Installation verdeckt. Sie sind danach nicht mehr zugänglich. Die Sichtprüfung eines Steckers beispielsweise kann nur während der Fertigung des Steckers erfolgen. Auch die Prüfung des Anzugsmoments der Verschraubungen des Steckers oder Befestigungsschrauben der Module ist sinnvoll nur während der Montage möglich. Damit ist die Prüfung eine fertigungsbegleitende Aufgabe, die nach jedem Arbeitsschritt gewissenhaft erfolgen muss.

## 9.6.2 Messungen

Folgende Messungen sind erforderlich:
1. Durchgängigkeit des Potentialausgleichs bis zur Haupterdungsklemme,
2. Leerlaufspannung der Stränge,
3. Isolationswiderstand der Stränge auf beiden Seiten der Strangleitung messen,
4. Kurzschlussstrom der Stränge.

Sind mehrere Stränge mit gleicher Modulzahl zu messen, sollten diese Messungen so kurz wie möglich hintereinander durchgeführt werden, um bei gleicher Sonneneinstrahlung die Messergebnisse miteinander vergleichen zu können.

Um die Leistungsfähigkeit der Anlage im sauberen Zustand belegen zu können, sollte auch eine Leistungsmessung der Stränge durchgeführt werden. Um diese Messung vergleichbar zu machen, ist die Einstrahlung zum Zeitpunkt der Messung mit aufzunehmen und das Ergebnis auf die Standardeinstrahlung von $1.000\,W/m^2$ umzurechnen.

## 9.6.3 Dokumentation

Die Ergebnisse der Sichtprüfung und die Messergebnisse sind zu dokumentieren. Die Messungen sind zu dokumentieren. Die betriebsinternen Vorgaben für die Form der Dokumentation sind einzuhalten.

## 9.7 Übungsaufgaben

**Aufgabe 9.1**
Welcher Grundsatz gilt bei der Bereitstellung von Sicherheitseinrichtungen gegen Absturz?

**Aufgabe 9.2**
Was ist bei der Befestigung der Tragkonstruktion auf dem Dach besonders zu beachten?

**Aufgabe 9.3**
Welche Gefahr besteht beim Trennen von Steckverbindungen an Modulen?

**Aufgabe 9.4**
Wie bestimmen Sie den Abstand der Tragschienen, auf denen die Module befestigt werden sollen?

**Aufgabe 9.5**
Mit welchem Messgerät kann der Strom in einem Strang gefahrlos gemessen werden?

**Aufgabe 9.6**
Sie haben den Auftrag eine PV-Anlage auf dem Dach eines Gebäudes mit einer Blitzschutzanlage zu errichten. Wie verhalten Sie sich?

**Aufgabe 9.7**
Welche Messungen führen Sie nach Fertigstellung der Modulverkabelung durch, bevor die Leitungen an den Wechselrichter angeschlossen werden?

**Aufgabe 9.8**
Durch welche Maßnahmen vermeiden Sie Beschädigungen der Leitungen und Stecker im Bereich der Module?

**Aufgabe 9.9**
Welche Folgen hat die unterschiedliche Einstrahlung der Sonne auf die Module eines Stranges, wenn diese in Reihe geschaltet sind?

**Aufgabe 9.10**
Welche Qualifikation muss eine Person haben, die die Spannungsversorgung der Wechselrichter an das Versorgungsnetz des Gebäudes anschließt?

# Prüfprotokolle

**PRÜFPROTOKOLL**
nach VDE 0701/0702 (Instandgesetzte Betriebsmittel)

**Kunde**

**Gerätetyp**

**Geräteprüfung**
Spannung: .......... V ; Strom: ......... A; Leistung: .......... W; Schutzklasse: ....... .

| | |
|---|---|
| 1. Sichtprüfung allgemein | i.O / Fehler |
| 2. Sichtprüfung Anschlussleitung | i.O / Fehler |
| 3. Schutzleiterwiderstand | $\Omega$ |
| 4. Isolationswiderstand | $M\Omega$ |
| 5. Schutzleiter-Strommessung<br>Messverfahren: ☐ Ersatzableitstrommessung /<br>☐ Direkte Messung /<br>☐ Differenzstrommessung | mA |
| 6. Berührungsstrommessung<br>Messverfahren: ☐ Ersatzableitstrommessung /<br>☐ Direkte Messung | mA |
| 7. Aufschriften | i.O / Fehler |
| 8. Funktionsprüfung | i.O / Fehler |
| 9. Stromaufnahme (bei Bedarf) | A |
| 10. Verwendetes Messgerät | |

Das Betriebsmittel erfüllt die Sicherheitsanforderungen:  ☐ ja  ☐ nein

_____    _____    _____
Ort                                  Prüfdatum                        Unterschrift Prüfer

**Prüfprotokoll 1** *Prüfprotokoll nach VDE 0701-0702 (Instandgesetze Betriebsmittel)*

## PRÜFPROTOKOLL

**Zur Prüfung der fertigen Arbeit:** im TT-System mit RCD nach DIN VDE 0100 Teil 600

**Kunde**

**Anlage/Ort**

**Stromkreis-Nr.**

**Schutz gegen Kurzschluss und Überlast: Art :**................. **Typ:**............ ............**A**

| | |
|---|---|
| 1. Sichtprüfung<br><br>Leitung: Typ: ..................../<br><br>............................ Aderzahl/Querschnitt - Verlegeart | i.O. / Fehler |
| 2. Niederohmige Verbindung des Schutzleiters<br><br>Leiterlänge ....... m / Querschnitt ....... mm² / Widerstand ....... Ω | mΩ |
| 3. Isolationswiderstand | MΩ |
| 4. RCD Bemessungsstrom: ..... A; Bemessungsdifferenzstrom: ..... mA<br>Berührungsspannung<br>Auslösung bei Auslösestrom $I_\Delta \leq$ Bemessungsdifferenz-<br>strom $I_{\Delta N}$ ....... mA<br><br>Auslösezeit $t_a$ ......... ms | V<br><br><br><br>i.O. / Fehler |
| 5. Spannungsfall (bei Bedarf) Sollwert .......... % | % |
| 6. Funktionsprüfung | i.O. / Fehler |
| 7. Verwendetes Messgerät | |

Prüfergebnis: in Ordnung    nicht in Ordnung (Unzutreffendes streichen)

Ort                                Prüfdatum                        Unterschrift Prüfer

**Prüfprotokoll 2** *Prüfung der fertigen Arbeit:im TT-System mit RCD nach DIN VDE 0100 Teil 600*

## PRÜFPROTOKOLL
**Zur Prüfung der fertigen Arbeit:** im TN-System nach DIN VDE 0100 Teil 600

**Kunde**

**Anlage/Ort**

**Stromkreis-Nr.**

**Schutz gegen Kurzschluss und Überlast: Art :**.................. **Typ:** ............. .............A

| | |
|---|---|
| 1. Sichtprüfung | i.O. / Fehler |
| Leitung: Typ: ...................../ | |
| .............................. Aderzahl/Querschnitt - Verlegeart | |
| 2. Niederohmige Verbindung des Schutzleiters | m$\Omega$ |
| Leiterlänge ....... m / Querschnitt ....... mm$^2$ / Widerstand ....... $\Omega$ | |
| 3. Isolationswiderstand | M$\Omega$ |
| 4. Schutzeinrichtung – Art: | |
| Bemessungsstrom: ....... A; | |
| Auslösecharakteristik: | |
| Abschaltstrom 0,4 s: ..... A; Abschaltstrom 5 s: ......A | |
| Messwert der Schleifenimpedanz | m$\Omega$ |
| berechneter Kurzschlussstrom | A |
| 5. Spannungsfall (bei Bedarf) Sollwert .......... % | % |
| 6. Funktionsprüfung | i.O. / Fehler |
| 7. Verwendetes Messgerät | |
| Prüfergebnis: in Ordnung   nicht in Ordnung (Unzutreffendes streichen) | |
| Ort                    Prüfdatum              Unterschrift Prüfer | |

**Prüfprotokoll 3** *Zur Prüfung der fertigen Arbeit:im TN-System nach DIN VDE 0100 Teil 600*

# Lösungshinweise zu den Aufgaben

## Kapitel 1

**Lösung 1.1**
Zwei Dreiecke mit Spannungsangabe.

**Lösung 1.2**
Auswahl nach ergonomischen Gesichtspunkten, bestimmungsgemäßer Einsatz der Werkzeuge, scharfe und spitze Werkzeuge nicht im Arbeitsanzug tragen.

**Lösung 1.3**
CAT 3 – 600 V.

**Lösung 1.4**
Weil der notwendige Messstrom von 0,2 A üblicherweise bei Multimetern nicht erreicht wird.

**Lösung 1.5**
500 V Gleichspannung.

**Lösung 1.6**
Installationstester und Betriebsmittelprüfgeräte nach VDE 0413.

**Lösung 1.7**
Es findet meist die aufgelöste Darstellung Anwendung

**Lösung 1.8**
Beim Aufbau von Schaltschränken ist die Temperatur zu berücksichtigen, weil die meisten Betriebsmittel nur in einem vom Hersteller festgelegten Temperaturbereich betrieben werden dürfen und die elektromagnetische Störung, weil diese zur Störung der empfindlichen Elektronik von Mess-, Steuer- und Regelsystemen führt.

## Kapitel 2

**Lösung 2.1**
Der Unternehmer und, wenn er bestellt ist, der Anlagenbetreiber.

**Lösung 2.2**
Er kann einen Anlagenverantwortlichen bestellen.

**Lösung 2.3**
An den vom Unternehmer bestellten Anlagenverantwortlichen.

## Lösung 2.4
Die vom Unternehmer bestellte verantwortliche Elektrofachkraft.

## Lösung 2.5
Der Anlagenverantwortliche und der Arbeitsverantwortliche.

## Lösung 2.6
Der Anlagenverantwortliche in Verbindung mit dem Arbeitsverantwortlichen.

## Lösung 2.7
Der Unternehmer muss einen Arbeitsverantwortlichen bestellen.

# Kapitel 3

## Lösung 3.1
Zwei ineinander liegende Dreiecke mit einer Spannungsangabe, z. B 1.000 V.

## Lösung 3.2
Abmanteln ist das Entfernen des Leitungsmantels und das Freilegen der Adern. Abisolieren ist das Entfernen der Aderisolierung und das Freilegen des Leiters.

## Lösung 3.3
Abmanteler verwenden, Schutzhandschuhe tragen.

## Lösung 3.4
Die Leiterenden beim Abisolieren nicht verjüngen. Die Leiterenden vor dem Einschieben in die Hülse nicht verdrallen. Die ganze Länge der Aderendhülse füllen und auf ganzer Länge verpressen.

## Lösung 3.5
Die vom Hersteller der Federzugklemme festgelegte Abisolierlänge ist einzuhalten.

## Lösung 3.6
VDE-Bestimmungen, Unfallverhütungsvorschriften, Technische Regeln Betriebssicherheit.

## Lösung 3.7
Bei flexiblen Leitern $1,0\,mm^2$, bei Massivleitern $1,5\,mm^2$.

## Lösung 3.8
Zum Beispiel H05VV-F 3G$1,5\,mm^2$.

## Lösung 3.9
H07 RN-F.

## Lösung 3.10
Die erste Ziffer beschreibt den Schutz gegen Eindringen von Fremdkörpern und deren maximale Größe, die zweite Ziffer beschreibt den Schutz gegen Eindringen von Wasser. Nachfolgende Buchstaben können den Berührungsschutz kennzeichnen.

## Lösung 3.11
Ein Voltmeter wird parallel zu den Messpunkten geschaltet, an denen die Spannung gemessen werden soll.

## Lösung 3.12
Der Teil der Anlage, in dem gemessen werden soll, muss spannungsfrei sein. Mindestens eine Seite des Messobjekts muss abgeklemmt sein.

## Lösung 3.13
Ein Zangenampermeter.

## Lösung 3.14
Sichtprüfung, Schutzleiterdurchgang, Isolationswiderstand, Ersatzableitstrom oder Schutzleiterstrommessung, falls erforderlich Berührungsstrommessung, Prüfung der Aufschriften, Funktionsprüfung, Auswertung der Prüfung, Dokumentation der Prüfergebnisse.

## Lösung 3.15
Sichtprüfung, Messung der Durchgängigkeit des PE-Leiters und Vergleich mit den tatsächlichen Werten, erforderlichenfalls der Isolationswiderstand des Stromkreises, die Abschaltbedingung durch Messung der Schleifenimpedanz und die Auswertung der Messergebnisse, eine Funktionsprüfung, ob die Spannung anliegt.

# Kapitel 4

## Lösung 4.1
DGUV Vorschrift 3, DGUV Information 203-006, DGUV Information 203-005, BGI 549

## Lösung 4.2
Die Anschlussleitung kann ohne Spezialwerkzeuge durch eine andere ersetzt werden.

**Lösung 4.3**
Mindestens IP20

**Lösung 4.4**
Sie muss in das Installateurverzeichnis des Netzbetreibers eingetragen sein.

**Lösung 4.5**
Sie muss als Lastschalter ausgeführt sein, der handbetätigbar ist, die Stellung Ein Aus muss Anschläge und eine sichtbare Stellungsanzeige haben. Es müssen alle nicht geerdeten Leiter gleichzeitig geschaltet werden.

**Lösung 4.6**
Maximal 230 V.

**Lösung 4.7**
Senkrecht von oben oder von hinten.

**Lösung 4.8**
Mindestens IPX4.

**Lösung 4.9**
Wenn leitfähig, dann das Rohrsystem, der Heizkessel, die Kaminanlage.

**Lösung 4.10**
Ist ein Fehlerstromschutzschalter installiert, löst dieser aus. Ist die Anlage im TN-System ohne Fehlerstromschutzschalter betrieben, löst die Überstromschutzeinrichtung aus.

## Kapitel 5

**Lösung 5.1**
Im Abstand zwischen 0,15 m bis 0,45 m unter der Decke.

**Lösung 5.2**
Die Schrankrückwand ist so zu öffnen, sodass der Zugang zu dem Wandauslass ungehindert erfolgen kann.

**Lösung 5.3**
Der Abstand beträgt mindestens 0,6 m.

**Lösung 5.4**
Schutzart IPX4.

**Lösung 5.5**
Leitungstyp zum Beispiel H05VV-F mit einem Querschnitt von 1,5 mm$^2$

## Lösung 5.6
Kenndaten der Schutzeinrichtung und Art der Schutzeinrichtung feststellen. Widerstand der Schutzleiterverbindung messen und auf Plausibilität prüfen. Abschaltbedingung überprüfen.

## Lösung 5.7
Prüfen der elektrischen Sicherheit, dazu mindestens eine Sichtprüfung; ob die Arbeiten richtig ausgeführt sind, die Durchgängigkeit der Schutzleiterverbindung besteht, die Auslösung der Schutzeinrichtung gewährleistet ist, die Spannung anliegt, die Protokollierung der Prüfungen erfolgt ist.

## Lösung 5.8
Die Leiterdrähte beim Abisolieren nicht verjüngen. Die Leiterdrähte vor dem Einschieben in die Hülse nicht verdrillen. Die ganze Länge der Aderendhülse mit dem Leiterende füllen und auf ganzer Länge verpressen.

## Lösung 5.9
Sichtprüfung, Prüfung von Schutzleiterdurchgang und Isolationswiderstand, Ersatzableitstrom- oder Schutzleiterstrommessung, falls erforderlich Berührungsstrommessung, Prüfung der Aufschriften, Funktionsprüfung, Auswertung der Prüfung, Dokumentation der Prüfergebnisse.

## Lösung 5.10
Sichtprüfung, Messung der Durchgängigkeit des PE-Leiters und Vergleich mit den tatsächlichen Werten, erforderlichenfalls Prüfung des Isolationswiderstandes des Stromkreises, Prüfung der Abschaltbedingung durch Messung der Schleifenimpedanz und der Auswertung der Messergebnisse, Durchführung einer Funktionsprüfung, um zu sehen, ob die Spannung anliegt.

## Lösung 5.11
Nein, denn nach den TAB darf die maximale Leistung für Heizgeräte zum einphasigen Anschluss 4,6 kW nicht überschreiten.

## Lösung 5.12
Einphasiges Netz 230 V: $I = 4.600\,W / 230\,V = 20\,A$
dreiphasiges Netz 400 V: $I = 4.600\,W / 1{,}73 \cdot 400\,V = 6{,}6\,A$

## Kapitel 6

**Lösung 6.1**
DGUV Information 203-005 und DGUV Information 203-006

**Lösung 6.2**
Es werden flexible Leitungen verwendet.

**Lösung 6.3**
Die Leitung wird an der Einführungsstelle mittels Zugentlastungsschelle, durch zugelassenen Klemmeinrichtungen oder durch feste Verlegung der Leitung geschützt.

**Lösung 6.4**
$I = 5.000\,\text{W}/(1{,}73 \cdot 400\,\text{V} \cdot 0{,}85 \cdot 0{,}8) = 10{,}6\,\text{A}$

**Lösung 6.5**
Die Leitungen werden sachgerecht befestigt, in einem Schutzrohr oder einem sonstigen zugelassenen Verlegesystem geführt.

**Lösung 6.6**
$I = P/U = 2.500\,\text{W}/230\,\text{V} = 10{,}8\,\text{A}$. Eine Sicherung 13 A könnte verwendet werden.

**Lösung 6.7**
Prüfen der elektrischen Sicherheit, dazu mindestens eine Sichtprüfung, ob die Arbeiten richtig ausgeführt sind, die Durchgängigkeit der Schutzleiterverbindung besteht, die Auslösung der Schutzeinrichtung gewährleistet ist, die Spannung anliegt, Prüfen der Stromaufnahme im Nennbetrieb, Protokollierung der Prüfungen.

**Lösung 6.8**
Sichtprüfung, Schutzleiterdurchgang, Isolationswiderstand, Ersatzableitstrom oder Schutzleiterstrommessung, falls erforderlich Berührungsstrommessung, Prüfung der Aufschriften, Funktionsprüfung, Auswertung der Prüfung, Dokumentation der Prüfergebnisse.

**Lösung 6.9**
Sichtprüfung, Messung der Durchgängigkeit des PE-Leiters und Vergleich mit den tatsächlichen Werten, Prüfung erforderlichenfalls des Isolationswiderstandes des Stromkreises, Prüfung der Abschaltbedingung durch Messung der Schleifenimpedanz und der Auswertung der Messergebnisse, Durchführen einer Funktionsprüfung, um zu sehen, ob die Spannung anliegt.

## Lösung 6.10
Grundsätzlich nicht, wenn jedoch eine besondere Unfallgefahr besteht und die Gefährdungsbeurteilung nach der Betriebssicherheitsverordnung dies fordert, ist die Maschine anzupassen.

## Lösung 6.11
Die Leitung sollte in einem besonderen Bereich des Schaltschranks verlegt werden, in dem keine Energieleitungen, sondern nur Leitungen der Mess-, Steuer- und Regeltechnik verlegt sind, um störende Einflüsse der Energieleitungen auf die Messeinrichtung zu vermeiden.

## Lösung 6.12
Alle leitfähigen Teile der Maschine werden untereinander und mit dem Schutzpotentialausgleich des Gebäudes verbunden.

# Kapitel 7

## Lösung 7.1
Das CE-Kennzeichen.

## Lösung 7.2
Die Farben Schwarz, Braun und Grau werden den drei Außenleitern zugeordnet, Blau dem Neutralleiter und Grün-Gelb dem Schutzleiter.

## Lösung 7.3
Zum Beispiel Erdkabel vom Typ NYY in einer Tiefe von mindestens 0,6 m.

## Lösung 7.4
Das Betriebsmittel ist spritzwassergeschützt.

## Lösung 7.5
Der Anschluss kann in einer Geräteanschlussdose erfolgen. Dazu ist die Motorleitung gegen Zug an einer Zugentlastungsschelle zu entlasten. Der Anschluss kann auch mithilfe einer Steckverbindung erfolgen. Das ist nur zulässig, wenn auch die Netzzuleitung als bewegliche Leitung ausgelegt ist.

## Lösung 7.6
Es ist ein Trennrelais erforderlich.

## Lösung 7.7
Die Schaltung wird als Wendeschützschaltung bezeichnet.

Lösungshinweise zu den Aufgaben

**Lösung 7.8**
Es werden ein Regenwächter und ein Windwächter installiert, die die Anlage bei Wind oder Regen automatisch einfährt.

**Lösung 7.9**
Die Leitungen sind am Eintritt in das Gebäude mit Überspannungsschutzgeräten zu beschalten, um Überspannungsschäden zu vermeiden.

**Lösung 7.10**
Im TN-System sind es eine Überstromschutzeinrichtung und ein Fehlerstromschutzschalter, im TT-System ein Fehlerstromschutzschalter.

## Kapitel 8

**Lösung 8.1**
Hoher Dispersionsgrad der brennbaren Stoffe, Konzentration der brennbaren Stoffe in der Luft innerhalb der Explosionsgrenzen, gefahrdrohende Menge an explosionsfähiger Atmosphäre, wirksame Zündquelle.

**Lösung 8.2**
Eine explosionsfähige Atmosphäre wird verhindert.

**Lösung 8.3**
Die Zündung einer explosionsfähigen Atmosphäre wird verhindert.

**Lösung 8.4**
Explosionsgruppe 1: Bergbau, Explosionsgruppe 2: alle anderen Bereiche.

**Lösung 8.5**
Zonen 0, Zone 1 und Zone 2

**Lösung 8.6**
Bereich in dem ständig, über längere Zeit oder häufig, eine explosionsfähige Atmosphäre vorhanden ist.

**Lösung 8.7**
Sie werden in zwei Gerätegruppen eingeteilt. Gerätegruppe 1 gilt für Geräte im Bergbau, Gerätegruppe 2 gilt für Geräte, die in bestimmte Gerätekategorien eingeteilt sind.

**Lösung 8.8**
Die Auswirkung einer Explosion wird auf ein unbedenkliches Maß beschränkt.

## Kapitel 9

**Lösung 9.1**
Gesamtmaßnahmen gelten vor Individualmaßnahmen.

**Lösung 9.2**
Die Befestigungspunkte müssen denen der vorliegenden statischen Berechnung entsprechen. In Randbereichen sind die Befestigungen entsprechend der Statik zu verstärken.

**Lösung 9.3**
Es kann ein Lichtbogen entstehen.

**Lösung 9.4**
Der Tragschienenabstand richtet sich nach den Bereichen, in denen der Hersteller der Module die Befestigung erlaubt.

**Lösung 9.5**
Mit einem Zangenamperemeter, das für die Messung von Gleichströmen geeignet ist.

**Lösung 9.6**
Es ist eine Blitzschutzfachkraft hinzuzuziehen, um die PV-Anlage in die Blitzschutzanlage zu integrieren.

**Lösung 9.7**
Die Leerlaufspannung, der Isolationswiderstand und der Kurzschlussstrom werden gemessen und dokumentiert.

**Lösung 9.8**
Leitungen und Stecker sind so zu befestigen, dass an den Modulanschlüssen und Steckern kein Zug auftreten kann und Leitungen und Stecker nicht auf der Dachhaut oder im Wasser liegen. Leitungen dürfen nicht über scharfe Kanten geführt werden.

**Lösung 9.9**
Durch die unterschiedliche Einstrahlung, wie sie bei einer Verschattung oder unterschiedlicher Neigung auftreten kann, wird der Ertrag gemindert.

**Lösung 9.10**
Sie muss in das Installateurverzeichnis des Netzbetreibers eingetragen sein.

# Literaturverzeichnis

## Fachbücher

[1] *Fröse, H. D.:* Elektrofachkraft für festgelegte Tätigkeiten. Band 1: Grundlagen – Regeln – Betriebsmittel, 4. Auflage. München/Heidelberg: Hüthig 2019.

## Normen und Gesetze

|      | Bezeichnung | Titel |
|------|-------------|-------|
| [1]  | DGUV Information 209-001 | Sicherheit beim Arbeiten mit Handwerkzeugen, Stand 2007 |
| [2]  | DIN VDE 0100 | Errichten von Niederspannungsanlagen |
| [3]  | DIN VDE 0701-0702:2008-06 | Prüfung nach Instandsetzung, Änderung elektrischer Geräte – Wiederholungsprüfung elektrischer Geräte – Allgemeine Anforderungen für die elektrische Sicherheit |
| [4]  | DIN EN 61557-1 (VDE 0413-1):2007-12 | Elektrische Sicherheit in Niederspannungsnetzen bis AC 1.000 V und DC 1.500 V – Geräte zum Prüfen, Messen oder Überwachen von Schutzmaßnahmen – Teil 1: Allgemeine Anforderungen |
| [5]  | DIN 18015 | Elektrische Anlagen in Wohngebäuden |
| [6]  | DIN EN 60204-1 (VDE 0113-1):2019-06 | Sicherheit von Maschinen – Elektrische Ausrüstung von Maschinen – Teil 1: Allgemeine Anforderungen |
| [7]  | DIN VDE 0298-3:2006-06 | Verwendung von Kabeln und isolierten Leitungen für Starkstromanlagen – Teil 3: Leitfaden für die Verwendung nicht harmonisierter Starkstromleitungen |
| [8]  | DIN VDE 0298-300 | Leitfaden für die Verwendung harmonisierter Niederspannungsstarkstromleitungen |
| [9]  | DIN VDE 0100-708:2010-02 | Errichten von Niederspannungsanlagen – Teil 7-708: Anforderungen für Betriebsstätten, Räume und Anlagen besonderer Art – Caravanplätze, Campingplätze und ähnliche Bereiche |
| [10] | DIN EN 60309-2:2013-01 | Stecker, Steckdosen und Kupplungen für industrielle Anwendungen – Teil 2: Anforderungen und Hauptmaße für die Austauschbarkeit von Stift- und Buchsensteckvorrichtungen |
| [11] | DIN VDE 0100-711:2003-11 | Errichten von Niederspannungsanlagen – Anforderungen für Betriebsstätten, Räume und Anlagen besonderer Art – Teil 711: Ausstellungen, Shows und Stände |
| [12] | DIN VDE 0100-715:2014-02 | Errichten von Niederspannungsanlagen – Teil 7-715: Anforderungen für Betriebsstätten, Räume und Anlagen besonderer Art – Kleinspannungsbeleuchtungsanlagen |
| [13] | DIN VDE 0100-724:1980-06 | Errichten von Starkstromanlagen mit Nennspannungen bis 1.000 V; Elektrische Anlagen in Möbeln und ähnlichen Einrichtungsgegenständen, z. B. Gardinenleisten, Dekorationsverkleidung (VDE-Bestimmung) |

| Bezeichnung | Titel |
|---|---|
| [14] DGUV Information 203-005 (bisher BGI/GUV-I 600) | Auswahl und Betrieb ortsveränderlicher elektrischer Betriebsmittel nach Einsatzbedingungen |
| [15] DIN EN 62841-1 (VDE 0740-1):2016-07 | Elektrische motorbetriebene handgeführte Werkzeuge, transportable Werkzeuge und Rasen- und Gartenmaschinen – Sicherheit |
| [16] DIN VDE 0100-600:2017-06 | Errichten von Niederspannungsanlagen – Teil 6:Prüfungen |
| [17] TRBS 1203, Stand März 2019 | Zur Prüfung befähigte Personen |
| [18] DGUV Vorschrift 3 | Elektrische Anlagen und Betriebsmittel Stand 2005 |
| [19] DGUV Information 203-004 | Einsatz von elektrischen Betriebsmitteln bei erhöhter elektrischer Gefährdung; Ausgabe April 2018 |
| [20] DGUV Information 203-006 | Auswahl und Betrieb elektrischer Anlagen und Betriebsmittel auf Bau- und Montagestellen |
| [21] BG1751-3 | Praxishilfe für Unternehmer – Heizung, Klima, Lüftung |
| [22] DIN VDE 0606-1:2014-01 | Niederspannungs-Schaltgerätekombinationen; Teil 1:Allgemeine Festlegungen |
| [23] DIN EN 50156-1:2016-03; VDE 0116-1:2016-03 | Elektrische Ausrüstung von Feuerungsanlagen und zugehörige Einrichtungen – Teil 1:Bestimmungen für die Anwendungsplanung und Errichtung |
| [24] DIN VDE 0101 | Starkstromanlagen mit Nennwechselspannungen über 1 kV |
| [25] DIN V VDE V 0160-106:2007-07 | Elektrische Leistungsantriebssysteme mit einstellbarer Drehzahl |
| [26] DIN EN 62368-1 (VDE 0868-1):2017-11 | Einrichtungen für Audio/Video-, Informations- und Kommunikationstechnik, Teil 1: Sicherheitsanforderungen |
| [27] TRD 411 | Technische Regeln für Dampfkessel – Ausrüstung und Aufstellung – TRD 411 – Ölfeuerungen an Dampfkesseln |
| [28] DIN 4755:2004-11 | Ölfeuerungsanlagen – Technische Regel Ölfeuerungsinstallation (TRÖ) – Prüfung |
| [29] DIN EN 60664-1 (VDE 0110-1):2008-01 | Isolationskoordination für elektrische Betriebsmittel in Niederspannungsanlagen – Teil 1:Grundsätze, Anforderungen und Prüfungen |
| [30] DIN EN 60947-4-1 (VDE 0660-102):2014-02 | Niederspannungsschaltgeräte – Teil 4-1:Schütze und Motorstarter – Elektromechanische Schütze und Motorstarter |
| [31] DIN EN 60947-2 (VDE 0660-101):2018-05 | Niederspannungsschaltgeräte – Teil 2:Leistungsschalter |
| [32] DIN EN 60519-1 (VDE 0721-1):2017-06 | Sicherheit in Elektrowärmeanlagen und Anlagen für elektromagnetische Bearbeitungsprozesse Teil 1:Allgemeine Anforderungen |
| [33] DIN VDE 0253:1987-12 | Isolierte Heizleitungen |
| [34] DIN EN 60702-1 (VDE 0284-1):2015-08 | Mineralisolierte Leitungen mit einer Bemessungsspannung bis 750 V |
| [35] DIN EN 60947-3 (VDE 0660-107):2017-02 | Niederspannungsschaltgeräte – Teil 3:Lastschalter, Trennschalter, Lasttrennschalter und Schalter-Sicherungs-Einheiten |
| [36] DIN VDE 0100-410:2018-10 | Errichten von Niederspannungsanlagen – Teil 4-41:Schutzmaßnahmen – Schutz gegen elektrischen Schlag |
| [37] DIN VDE 0100-540:2012-06 | Errichten von Niederspannungsanlagen – Teil 5-54:Auswahl und Errichtung elektrischer Betriebsmittel – Erdungsanlagen und Schutzleiter |
| [38] DIN VDE 0100-443:2016-10 | Errichten von Niederspannungsanlagen – Teil 4-44:Schutzmaßnahmen – Schutz bei Störspannungen und elektromagnetischen Störgrößen – Abschnitt 443:Schutz bei Überspannungen infolge atmosphärischer Einflüsse oder von Schaltvorgängen |

| Bezeichnung | Titel |
|---|---|
| [39] DIN EN 60079-14 (VDE 0165-1):2014-10 | Explosionsgefährdete Bereiche – Teil 14:Projektierung, Auswahl und Errichtung elektrischer Anlagen |
| [40] DIN VDE 0891-1:1990-05 | Verwendung von Kabeln und isolierten Leitungen für Fernmeldeanlagen und Informationsverarbeitungsanlagen; Allgemeine Bestimmungen |
| [41] DIN VDE 0298-4:2013-06 | Verwendung von Kabeln und isolierten Leitungen für Starkstromanlagen – Teil 4:Empfohlene Werte für die Strombelastbarkeit von Kabeln und Leitungen für feste Verlegung in und an Gebäuden und von flexiblen Leitungen |
| [42] VdS 2046 | Sicherheitsvorschriften für elektrische Anlagen bis 1.000 V |
| [43] VdS 2057 | Sicherheitsvorschriften gemäß Abschnitt B § 8 AFB 2008 für elektrische Anlagen in landwirtschaftlichen Betrieben und Intensiv-Tierhaltungen |
| [44] VdS 2023 | Elektrische Anlagen in baulichen Anlagen mit vorwiegend brennbaren Baustoffen, Richtlinien zur Schadenverhütung |
| [45] VdS 2024 | Errichtung elektrischer Anlagen in Möbeln und ähnlichen Einrichtungsgegenständen, Unverbindliche Richtlinien für den Brandschutz |
| [46] VdS 2025 | Elektrische Leitungsanlagen, Richtlinien zur Schadenverhütung |
| [47] VdS 2031 | Blitz- und Überspannungsschutz in elektrischen Anlagen, Unverbindliche Richtlinien zur Schadenverhütung |
| [48] VdS 2015 | Elektrische Geräte und Einrichtungen, Merkblatt zur Schadenverhütung |
| [49] VdS 2067 | Elektrische Anlagen in der Landwirtschaft, Richtlinien zur Schadenverhütung |
| [50] DIN VDE 0100-701:2008-10 | Errichten von Niederspannungsanlagen – Teil 7-701:Anforderungen für Betriebsstätten, Räume und Anlagen besonderer Art – Räume mit Badewanne oder Dusche |
| [51] DIN VDE 0100-600:2017-06 | Errichten von Niederspannungsanlagen – Teil 6:Prüfungen |
| [52] DIN 18015-3:2016-09 | Elektrische Anlagen in Wohngebäuden – Teil 3:Leitungsführung und Anordnung der Betriebsmittel |
| [53] DGUV Grundsatz 308-006 | Prüfbuch für kraftbetätigte Tore, Stand 2003 |
| [54] DGUV Information 208-022 | Türen und Tore |
| [55] DGUV Information 203-026 | Sicherheit von kraftbetätigten Karusselltüren |
| [56] EnEV | Verordnung über energiesparenden Wärmeschutz und energiesparende Anlagentechnik bei Gebäuden (Energieeinsparverordnung – EnEV); Stand 2014 |
| [57] ASRA1.7 | Türen und Tore; Stand 2009 |
| [58] EN 61000 | Elektromagnetische Verträglichkeit (EMV) |
| [59] DIN EN 12453:2017-11 | Tore – Nutzungssicherheit kraftbetätigter Tore – Anforderungen |
| [60] DIN EN 12424:2000-11 | Tore – Widerstand gegen Windlast – Klassifizierung |
| [61] DIN 1055 | Einwirkungen auf Tragwerke |
| [62] DIN EN 12444:2001-02 | Tore – Widerstand gegen Windlast – Prüfung und Berechnung |
| [63] DIN EN 12425:2000-11 | Tore – Widerstand gegen eindringendes Wasser – Klassifizierung |
| [64] DIN EN 12433 | Tore – Terminologie |

| Bezeichnung | Titel |
|---|---|
| [65] DIN EN 16005:2013-01 | Kraftbetätigte Türen - Nutzungssicherheit - Anforderungen und Prüfverfahren |
| [66] DIN EN 12604:2017-12 | Tore – Mechanische Aspekte – Anforderungen |
| [67] DGUV Regel 1 03-003 | Arbeiten in umschlossenen Räumen von abwassertechnischen Anlagen; Stand 2008 |
| [68] GUV-R 126 | Arbeiten in umschlossenen Räumen von abwassertechnischen Anlagen; Stand 2007 |
| [69] DGUV Regel 113-001 | Explosionsschutz-Regeln (EX-RL) 2012 |
| [70] DGUV Regel 103-011 | Arbeiten unter Spannung |
| [71] ASR-A2-1 | Schutz vor Absturz und herabfallenden Gegenständen, Betreten von Gefahrenbereichen, Ausgabe 2013 |
| [72] DGUV Information 201-008 | Dacharbeiten |
| [73] DGUV Regel 101-016 | Dacharbeiten |
| [74] DGUV Information 203-008 | Montage und Instandhaltung von PV-Anlagen |
| [75] DIN EN 62305-3 (VDE 0185-305-3) Beiblatt 5:2014-02 | Blitzschutz Teil 3:Schutz von baulichen Anlagen und Personen – Beiblatt 5:Blitz- und Überspannungsschutz für PV-Stromversorgungssysteme |
| [76] DIN EN 62446-1 (VDE 0126-23-1):2019-04 | Photovoltaik (PV)-Systeme – Anforderungen an Prüfung, Dokumentation und Instandhaltung – Teil 1:Netzgekoppelte Systeme – Dokumentation, Inbetriebnahmeprüfung und Prüfanforderungen |

# Stichwortverzeichnis

## A

Abdichten 74
Abdichten von Betriebsmitteln 77
Abgasanlagen 126
Abgasklappe 109
Abisolieren 57, 61
Abisolierzange 58
Abmanteln 56
Abschaltbedingung 89
Abschaltstrom 89
Abzweigdosen 136
Aderendhülse 60, 61, 149
anerkannte Regeln der Technik 45, 148
Anlagenbetreiber 46
Anlageverantwortlicher 46
Annäherungszone 51
Anordnungsplan 24
Anschaltstrom 89
Anschlussleitung 66, 81
Anschlusstabelle 27
Anweisungsliste 32
Anzugsmoment 211
Arbeiten unter Spannung 51, 115
Arbeitsanweisung 71
Arbeitsmethoden 50
Arbeitsschutzgesetz 80
Arbeitsverantwortlicher 47, 50
Aufbauplan 24
aufgelöste Darstellung 28
Ausschaltung 33
Außenfühler 108
Auswertung 144

## B

Badewanne 104
Badezimmer 131
Bau- und Montagestellen 93
Baustellen 65
Bedienungsanleitungen 170
befähigte Person 80
Befestigungspunkte 159, 207
Bemessungsdifferenzstrom 89, 106
Berstscheiben 189
Berührungsspannung 89
Berührungsstrom 82, 140
Besichtigung 80, 87, 145
Bestellung 47, 71
Betriebsanleitungen 71
Betriebsmittel 24
Betriebsmittelliste 29
Betriebsmittelprüfgerät 19
Betriebssicherheitsverordnung 55
bewegliche Verlegung 135
Blitzschlag 187
Blitzschutzanlage 126
Blitzschutzmaßnahmen 187
Blitzschutzpotentialausgleich 126
Brandgefahr 138
Brandschutz 137

## C

CAT-Kennzeichnungen 20
CE-Zeichen 137, 169
CEE-Steckdose 124

## D

Dacharbeiten 205
Dahlander-Schaltung 39
Dämpfe 181
Decken 129
Deckenleuchten 149
Deckenspiegel 24
Dokumentation 80, 141, 144
Drehmoment 207
Durchbruchpläne 24
Durchgangsverdrahtung 149
Duschwanne 104

## E

eigenverantwortlich 47
Einbaulage 97
Einschlaggefahr 206
Elektrofachkraft für festgelegte Tätigkeiten 80
elektromagnetische Felder 102
elektromagnetische Verträglichkeit 42
elektrotechnisch unterwiesene Person 48, 141
Energieeinsparverordnung 168
Energiegehalt 178
Erdkabel 174
Erdreich 173
Ergonomie 18
Erproben 88, 145
Ersatz-Ableitstrommessung 81

Ersatzableitstrom 82
erschwerte Bedingungen 66
Explosion 178
explosionsfähige Atmosphäre 182
explosionsfähiges Gemisch 179
Explosionsgefahr 177
explosionsgefährdete Bereiche 182
Explosionsgrenzen 178
Explosionsgruppen 181, 190, 191
Explosionsklappen 189
Explosionsschutz 177
Explosionsschutzdokument 196

**F**
Fachverantwortung 73
Federzugklemmen 60, 61, 148
Fehlerstrom-Schutzeinrichtung 146
Fehlerstromschutzschalter 41, 106
Fenster 167
Fernbedienung 108
Feuchtigkeit 67
Feuerungsanlage 95
Flammen 178, 184
Flammpunkt 191
Fremdkörper 67
Frostschutzschaltung 39
fünf Sicherheitsregeln 74, 76
Funktionsfähigkeit 144
Funktionsprüfung 80, 83, 141, 144, 147
Fußboden 129

**G**
Gefährdungsbeurteilung 19
Gefahrenschalter 99
Geräteanschlussdose 94, 154

Gerätedose 136
Gerätegruppe 185
Geräteschutzniveau 185
Gewerbeaktivitäten 209
Grundschaltungen 33

**H**
Handwerkzeuge 19, 74, 76
Haupterdungsschiene 209
heiße Oberflächen 184
Heißleiter 119
Heizungs- und Lüftungsanlagen 93
Heizungsnotschalter 108
Herde 129
Herstellervorschriften 148
Hilfsstromkreise 95, 100
Hohlwanddosen 94

**I**
Induktionsschleifen 208
Inertisierung 180
Installationsarten 94
Installationsplan 22, 23
Installationstester 19, 20
Installationszonen 129
Instandsetzung 46
Isolationsfähigkeit 80, 139, 144
Isolationswiderstand 88, 139
Isolationswiderstandsmessung 21, 81, 88, 146

**K**
Kabelgraben 173
Kabelschuhe 61
Kabelverschraubungen 124, 157, 159
kalibrieren 81
Kaltleiter 119
Kategorie K2 155
Kategorien 65
Kennzeichnung 70

Kennzeichnung von Betriebsmitteln 29
Kleinspannung 64, 134
Kleinspannungsbeleuchtungsanlagen 148
Klemmbrett 125
Klemmenplan 22
Klemmraum 149
Kondenswasserabflussöffnung 94
Kontaktplan 32
Küchen 129
Kunststoffaderleitungen 135

**L**
Leistungsschild 80
Leiterverbindungen 70, 136
Leitungseinführungen 156
Leitungsschutzschalter 41
Leuchten 129, 137, 148
Leuchtenanschlussklemmen 148
Leuchtenauslässe 24
Lichtbögen 51
Lüftungsanlagen 93
Lüsterklemmen 149

**M**
Mantelleitungen 135
mechanische Gefährdung 138
Messen 88, 145
Messgeräte 19, 71
Messkategorie 71
Mindestquerschnitte 63
Möbel 129, 134
Möbeleinbau 136
Montageanleitungen 170
Montagevorschriften 210
Motoren 153
Motorschutzschalter 30
Motorsteuerungen 39

## Stichwortverzeichnis

MSR-Technik 42
Multimeter 80, 120

**N**
Nebel 181
Netzanschlussklemmen 103
Netzsysteme 77
Neutralleiter 88, 187
Notschalter 95
NTC-Widerstand 119

**O**
Ohmmeter 120
ortsfeste Betriebsmittel 62, 133, 153
ortsveränderliche Betriebsmittel 63, 134, 153
Öse 59

**P**
Parallelschaltung 207
PELV 132
Photovoltaikanlagen 205, 209
Photovoltaikmodule 205
Potentialausgleich 187
Potentialausgleichssystem 187
potentielle Zündquellen 184
primärer Explosionsschutz 178, 179
Prüfen 73
Prüfer 80
Prüfprotokoll 83
Pt100 119
PTC-Widerstände 119
PV-Anlage 206

**Q**
Quetschstellen 167

**R**
Reihenschaltung 207
Rollläden 167

**S**
Sauerstoffkonzentration 180, 191
Scherstellen 167
Schleifenbildung 209
Schmorstellen 80
Schneelast 207
Schukostecker 124
Schütz 198
Schutzabdeckungen 80
Schutzarten 68, 87, 97, 105, 133
Schutzbereiche 131
Schütze 35
Schutzklasse 65
Schutzklasse 1 94
Schutzkleinspannung 132
Schutzleiter 187
Schutzleiteranschlüsse 69, 158
Schutzleiterdurchgang 80, 144
Schutzleiterdurchgängigkeit 21
Schutzleiterstrom 140
Schutzleiterwiderstand 81, 139
Schutzpotentialausgleich 106, 126, 209
Schützschaltungen 35
Schützverriegelung 36
sekundärer Explosionsschutz 178, 181
Selbsthaltung 35
SELV 132
Sensoren 153
Serienschaltung 33
sicherheitstechnische Kenngrößen 195
Sichtprüfung 73, 84, 138, 210
Solargenerator 210
Sonnenschutzanlagen 167
Spannungsfall 147
Spannungsmessgerät 19

Spannungsmessungen 72
speicherprogrammierbare Steuerungen 32, 40
Statik 206
statische Elektrizität 187
Staubablagerungen 180
Stäube 181, 192
staubexplosionsgefährdete Arbeiten 192
Staubexplosionsgrenzen 192
Staubkenngrößen 193
Steckvorrichtungen 65
Steuerstromkreise 95
Störquelle 42
Störsenke 42
Strangleitungen 208
Stromaufnahme 83, 141
Strombelastbarkeit 55
Stromkreisnummern 24
Stromlaufplan 22, 27
Strommessgerät 19
Strommessungen 72

**T**
Temperaturfühler 118
Temperaturklassen 190
Temperaturüberwachung 180
tertiärer Explosionsschutz 178, 188
Thermometer 120
Tragkonstruktion 207
Trennstege 42
Trennungsabstände 42
Türen 167

**U**
Übersichtsschaltplan 28
Überspannung 43, 102, 208
Überspannungsableiter 43
Überspannungsschutzgeräte 210
Umgebungsbedingungen 97

Umgebungstemperatur 41
Unfallverhütungs-
 vorschriften 45
Unternehmer 46
Unternehmerpflichten
 46, 49

## V

VDE-Bestimmungen 45, 55
verantwortliche Elektro-
 fachkraft 47
Verdrahtungsliste 28
Verdrahtungspläne 25
Verlegezonen 129
Verteilerdosen 70, 136, 159

## W

Wandanschlussdosen 149
Wandleuchten 149
Wechselrichter 210
Wechselschaltung 33
Wendeschützschaltung 39
Werkzeug-Taschen 18
Widerstandsmessgerät 19
Widerstandsmessungen 72
Wiederholungsprüfung 148
Würgenippel 68

## Z

Zangenamperemeter 20
Zonen 182
Zugentlastung 68, 69, 74, 77, 107, 158
Zugentlastungsschelle 158
Zündquellen 192
Zündschutzarten 185
Zündtemperatur 190
Zündung 181
Zuordnungsliste 32
zusammenhängende
 Darstellung 27